創造的地域社会

中国山地に学ぶ超高齢社会の自立

松永桂子
Matsunaga Keiko

新評論

はじめに

「超高齢社会」の時代を迎え、わたしたちは、誰もが生涯をつうじて生きがいと働きがいを持てるような産業や社会の新たな仕組みを切実に必要としている。

従来の経済至上主義の価値観を超え、生産・生活・コミュニティの最小単位である「地域」からの発想が求められるようになってきた。この課題は、東日本大震災を経て、いっそう先鋭に浮上しているようである。

そのようななか、人口減少と高齢化が最も顕著に進行している農山村・中山間地域で、創造的な営みが生まれつつある。地域に生きる人びとが条件の不利性を乗り越え、限られた資源を生かし、創意工夫で「小さな自治」「小さな産業」を創出しつつある。

本書では、そうした中山間地域のなかでも先端を走るエリアとして、全国で最も人口減少率・高齢化率の高い中国山地に着目したい。そこは「過疎」という概念が生まれた場所であった。過疎発祥から半世紀を経て、農山村の現場はどのように変容しつつあるのか。超高齢社会を迎える現代社会を生き抜くヒントが隠されているようである。

人口が減り、農地や山が荒れ、産業が停滞し、生活基盤や人びとのつながりが衰退していく状況のもとで、地域で誇りを持って生きて行くためにはどうすればよいか。

中国山地ではこの問いが突きつめられたことで、自立のための新しい価値が模索され、わたしたちの想像を超えるような産業化・自治・コミュニティ再生の独創的な取り組みが生まれている。そうした地域からの創造性は、「超高齢社会の自立」に向けた新たなビジョンを必要としている現代社会に、多くの示唆を与えてくれるであろう。

創造的地域社会——中国山地に学ぶ超高齢社会の自立／目次

第2章 「集落営農」にみる地域ビジネスと地域扶助 75

用語解説（50音順）

◎**限界集落**　社会学者の大野晃氏が一九九一年に提唱した概念。六五歳以上が人口の半数を占め、冠婚葬祭をはじめとする社会的共同生活の維持が困難となった集落を指す。

◎**コミュニティ・ビジネス**　地域が抱える課題をビジネスの手法をつうじて解決する事業。運営主体は会社の形をとることもあれば、ＮＰＯ、協同組合などの場合もある。コミュニティや社会関係資本を強化し、地域経済を活性化させる事業として注目されている。また、指定管理者制度などをつうじて行政を補完する役割を担うことで、行政コストの削減にも寄与する。後述する「社会的企業」や「六次産業化」、本書「終章」で述べる「地域ビジネス」とも深く関わり合う概念である。

◎**指定管理者制度**　従来、地方自治体等が行っていた公共施設の管理や運営を、営利企業、財団法人、ＮＰＯ、市民グループなどの団体が代行する制度。行政のコスト削減、サービスの向上などが期待される。地方自治法の一部改正に基づき、二〇〇三年九月に施行された。

◎**社会関係資本（ソーシャル・キャピタル）**　人びとの信頼関係や規範に基づく協調行動により、社会の豊かさが向上するという考えを含んだ概念。地域社会やコミュニティの議論と関連が深い。近年では、アメリカの政治学者ロバート・パットナムが、アメリカの社会関係資本をいくつかの指標から測ることを試みている。

◎**社会的企業（ソーシャル・ビジネス／ソーシャル・エンタープライズ）**　社会的課題の解決をミッションとし、ビジネスをつうじてその解決に取り組む事業体。一九八〇年代のイギリスで、サッチャー政権による「小さな政府」政策のもとで助成を打ち切られ、深刻な資金難に直面したＮＰＯが編み出した手法。組織形態はＮＰＯ、協同組合、営利企業などさまざまある。世界的に有名な社会的企業として、バングラデシュの貧困層向けのマイクロ・クレジット（小額融資）を行うグラミン銀行がある。

◎**集落営農**　集落ごとに農地を集約し、機械化により効率を高め、農業生産性を上げる営農の手法。人口減少と高齢化による担い手不足や耕作放棄地の増大など、日本農業が直面する課題に対するひとつの処方箋と考えられている。

◎**地域自治組織**　「官」に依存せず、地域内の課題を自分たちで解決するために、住民主体で形成される組織。医療・福祉・生活必需品の調達・交通など生活基盤の運営だけでなく、自立に向けた産業化、文化振興など幅広い活動を展開している。複数の集落が集まり、小学校区ほどの範囲で形成されることが多い。住民自治組織とも呼ばれる。

◎**中山間地域**　一般には「平地の周辺部から山間部に至る、平坦な耕地の少ない地域」を指す。農業分野で用いられる専門的な定義では、「山間地およびその周辺地域などで、地勢等の地理的条件が悪く、農業の生産条件が不利な地域」（「食料・農業・農村基本法」第三五条）とされている。中山間地域は全国土の七割の面積を占め、総人口の一四％が居住している。離島と並び条件不利地域とされる。

◎**農事組合法人**　農業協同組合法に基づいて設立される「組合員の農業生産についての協業を図ることによりその共同の利益を増進することを目的とする」法人である。集落営農が法人化する際、農事組合法人となることが多い。また、事業は農業の共同化のほか、農産品の加工・販売などである。事業は農業関連、組合員は原則として農業従事者に限られる。

◎**六次産業化**　「六次産業」は、一九九〇年代半ば、農業経済学者の今村奈良臣氏が提唱した概念。「一次産業×二次産業×三次産業」のことであり、農林水畜産業、製造業・建設業、小売・サービス業の連携によって創出される新たな産業形態を指す。農林水産省は二〇一一年三月、「地域資源を活用した農林漁業者等による新事業の創出等及び地域の農林水産物の利用促進に関する法律（六次産業化法）」を施行し、その促進に乗り出している。

序章

超高齢社会の地域の自立

近年、農山村において、創造的な営みが多くみられるようになってきた。

人口減少と高齢化が進行するなかで、条件不利地域とされる中山間地域の農山村では限られた資源を生かし、叡智と創意工夫で「小さな産業」が創出されつつある。農村女性たちによる農産物直売所や加工所、集落単位の産業化、新たな価値観を持つ若者による社会的企業などの取り組みが目立ってきた。

成熟社会への指針が求められている今日、従来の経済至上主義の価値観とは異なる新たな「ローカルの価値」を再構築しているようである。そして地域に根差した産業の形成は、新たな地域コミュニティも同時に創出しつつある。「内発的発展」の重要性がいわれて久しいが、そうした状況がむしろ農山村や中山間地域では先行しているようにみえる。

東日本大震災を契機に、わたしたちはこうした思いを強くすることになった。3・11以降、生産、生活、コミュニティ、人間の生の基盤をなすあらゆる事象に対して、「ローカルからの発想」を強く求めるようになった。

超高齢社会時代の二一世紀は、誰もが生涯をつうじて生きがいと働きがいを持てるような産業や社会の仕組みが必要となろう。右上がりの経済成長の時代とは異なる形で、将来のビジョンを再設計していかなくてはならない。

そうしたなか、高齢化率が五〇％を超えるほどの超高齢社会にあって、財政難を余儀なくされている地方の農山村の取り組みは、日本の未来の縮図に映る。

人口が減り、農地や山が荒れ、生産や生活の基盤が失われていく状況のもとで、地域で誇りを持って生きていくためにはどうすればよいか。

高齢になっても、仕事をつうじて、地域や社会と関わりを保てるようにするには何が必要か。

脱経済成長の時代において、地方や農山村の暮らしはどのような意味を持つのか。このような問いに、本書では「過疎」発祥の地とされる中国山地の現場の経験をもとに迫っていくことにしたい。

1 「過疎」の中国山地

中国山地、それは過疎という概念が生まれた場所である。

いわゆる「過疎化」は「都市化」と対比的な概念として捉えられ、高度経済成長期以降、二〇世紀後半まで、成長の裏側の現象のひとつであった。

進む高齢化、耕作放棄地の増加、放置林などに象徴されるように、過疎化した農山村での産業活動は縮小の一途をたどり、村の寄り合いなどの伝統的なコミュニティ機能も衰退していった。そうした現象の根源にあるのは、高度成長期における都市部への人口移動・人口集中であった。

(1) 「過疎」は島根県から起こった

第二次大戦後、日本は工業化を進め、飛躍的な経済成長を遂げた。それは農村から都市への人口の大移動を伴うものであった。

工業化以前、農村は「余剰労働力」を多く抱えており、工業化が始まると労働者は農業部門から工業部門へと大規模に移動していった。しかし、次第に農村の「余剰労働力」が底をつき、都市部の工業部門における労働力不足が顕在化すると、都市を中心に賃金が急上昇していった。

このようにして高度成長期を背景に、労働需給がひっ迫し、「雇用構造の近代化」が社会のキーワードとなったのは今から半世紀前の一九六五年前後のことであった。都市部の人びとの所得は一〇年足らずで二倍となり、華々しい都市化が注目を集めた時代である。

一方の農山村では、長男が家を継ぎ、次男や三男は都市に移住するという形で、働き手の離村による人口流出が加速し、地域機能の衰退が進行していった。つまり「過疎」とは、戦後の高度成長期に生まれた概念なのである。

「過疎」発祥の地

「過疎」という言葉は、一九六六年、国の経済審議会がまとめた『二〇年後の地域経済ビジョン』で「過疎」の実態について報告がなされたことをきっかけに浸透していった。

その際、過疎のモデルとなったのが島根県匹見町《ひきみちょう》（現益田市）とされている。それから長らく小学校の社会科の教科書には、「過疎地域」を象徴するイメージとして匹見町の荒れた家屋の写真が掲載されていた。

先に述べたような雇用構造の変化に伴い、中国山地でも京阪神や瀬戸内海地方の都市部に向けて大量に人口が流出し、とくに昭和三八（一九六三）年の「三八豪雪」をきっかけに就労機会を求めての離村が相次いだ。

高度成長期の頃から、この地方の地域社会の構造変化を追い続けてきた中國新聞社のルポ『新中国山地』は、次のような言葉で始まる。

日本列島の過疎は、中国山地で最も先鋭的に進んだ。若者が出て行き、やがて地域の担い手である大人たちも村を離れた。老人と婦人と子供だけが残った。当然のことながら、村に動揺が起こった。三八年、中国山地は豪雪に見舞われた。人々に決断を迫る雪だった。一人が動く。次の人が後を追う。「去るも地獄、残るも地獄」だった。こうして、中国山地の挙家離村は、雪崩のように続いた（中國新聞社編［一九八六］一頁）。

そのなかでも最も先鋭的に過疎が進んだ匹見町の人口は、一九六〇年の七一八六人から七〇年には三八七一人へと半減。働き手だけでなく家族を挙げての挙家離村も目立ち始め、八五年には二四六五人、そして二〇一〇年には一三八四人へと減少を続ける。

五〇年の間に実に八割以上の人口減をみたのであった。高齢化率は二〇〇五年に五三・五％と五割を超え、匹見町では町全体が「限界集落」化したのであった。だがいまや匹見町は特殊ではなく、中国山地では他の多くの町村が同じような状況に置かれている。

こうした厳しい状況下で地域に残った人びとは、養蚕、炭焼き、酪農、シイタケ栽培等に活路を見出し、細々ながら産業の芽を育んできた。やがて、一九八〇年代、地域おこしが全国的な兆しとなっていくなかで、この地でも柚子やワサビを特産品化して、むらおこしや有機農業を進めていった。

それらの取り組みは、後にみるように今ようやく実を結びつつある。だが当時、若手だったリーダーたちも、六〇歳を超える高齢者となってしまった。

匹見町のみならず、全国の農山村の現場では六〇歳以上の人びとが現役で働くことが一般的になりつつある。むしろ六〇代は若手であり、七〇代、八〇代も地域のために精を出す。地域産業の担い手として表舞台に立ち続けるのは高齢者なのである。

過疎発祥の地は、幾多の困難を経て、常に自立への道筋を探ってきた。その取り組みは、日本全体が高齢社会を迎えた現在こそ、深い意義をもってわたしたちの目に映るかもしれない。

三つの空洞化

ところで、こうした農山村や中山間地域の過疎化の実態にまず注目したのは、経済学者ではなく、農学の分野の研究者たちであった。

農業経済学者の小田切徳美氏は、農山村では過疎化に伴い、「人・土地・むらの三つの空洞化」が起こったと指摘、それらが異なる時期に起きたことに着目した(1)。

小田切氏によれば、「人の空洞化」つまり人口減少は、一九七〇年前後に過疎化による社会減少として始まったが、八〇年代半ば以降の減少は自然減によるものとされる。人口減少を受けての「土地の空洞化」(農林業の担い手不足に伴う耕作放棄地の増大)は、八〇年代半ばから顕著となる。そして人や土地の空洞化を経て、九〇年代から「むらの空洞化」(集落機能の後退)が起こってきた。そして、この「三つの空洞化」がとりわけ先鋭的に進んでいるのは西日本、なかでもとくに中国・四国地方なのである。

だが、小田切氏はこのような三つの空洞化は事態の表層にしかすぎず、より深層に根源的な問題が潜んでいるとも指摘する。それが「誇りの空洞化」、つまり「地域住民がそこに住み続ける意味や誇りを見失いつつあること」である。たしかに農山村や中山間地域の再生を考えるには、こうした心理的側面にまで踏み込まざるをえないであろう。

地域とは人びとの生産基盤と生活基盤を併せ持った場である。したがって地域産業研究においては、その環境変化がどのように住民一人ひとりの内面に影響を及ぼしてきたかも深くみつめていくことが求められよう。

名著『中国山地』にみる同時代の証言

この点で、高度成長期の中国山地の過疎化の実態と社会構造の変化を描いたルポ『中国山地』は、人びとの心の葛藤をも克明に記録した同時代の貴重な証言である。

これは一九六六～六七（昭和四一～四二）年にかけて『中國新聞』紙上に連載された記事をまとめたもので、三〇〇集落、一〇〇〇人を超すインタビューから構成されている。先ほど引用した『新中国山地』は、その後の追跡調査をまとめた続編である。以下、必要に応じてこの証言集に基づきながら、中国山地の過疎の歴史をみていこう。

中国山地は中国地方の中央やや北寄り、兵庫県北東部から山口県周防灘沿岸まで、東西五〇〇キロ、南北一〇〇～一二〇キロにわたる。山陽と山陰の分水界であり、中国地方全体の脊梁をなしている。山地を南北に横断する中国地方最大の河川・江《ごう》の川から東側を東中国山地、西側を西中国山地と呼ぶ。ところどころに高原地帯がみられ、その間に数少ないが盆地が拓けている。「山脈」と言わずに「山地」と呼ぶのは、最も高い山でも一〇〇〇～一三〇〇メートル、概ね二〇〇～五〇〇メートルの低い山々で構成されているためである。

そして、山地全体にわたって集落が点在している。これはこの地で「たたら製鉄」が栄えてきた歴史と大きく関係するようである。

中国山地は、砂鉄を含む花崗岩が多い。大量生産方式の製鉄が導入される以前、江戸時代から明治初期にかけて、日本の鉄生産量の実に九割がこの地で生産されていたのであった。

たたら製鉄は多くの分業で成り立ち、各業種が軒を連ねる「鉄の町」の街並みは壮観であった。今でも、たとえば島根県の奥出雲地域や旧石見町《いわみちょう》（現邑南町《おおなんちょう》）あたりの山間部を分け入って進むと、見事な街並みが残っていることに驚かされる。鉄山業の経営者である鉄山師《てつざんし》は多くの土蔵を有し、たたらに関連する道具をそこに所蔵していた。だが、たたら製鉄も大正時代には完全に姿を消す。

その後、この地の人びとは細々と傾斜地を切り拓き、棚田による米作を営むか、副業で和牛、養蚕、和紙などで生計を立てる程度となった。つまり中国山地はたたら製鉄の盛衰により、すでに戦前に暮らしの大きな変化を経験していたのであった。

都市の「引っぱる力」

そして戦後、高度成長期に大きな人口流出を経験することになる。『中国山地』では、この事態を都市の「引っぱる力」と見事に表現している。

> 中国山地の激しい人口流出は、[…] 都市との関係で語られなければならない。労働力市場としての都市の「引っぱる力」は、山村のすみずみまで及ぶ。とくに京阪神や瀬戸内工業地帯の〝せど山〟的な位置にある中国山地は、ふだんから都市への行き通いが、ひんぱんにある。都市への〝なじみ〟という点では、東北などの山村に比べ、ずっと深い。一足先に町へ出た親類縁者を頼って、村を出たという人があんがい多いのも、このためである。もともと奥行きの浅い中国地方である。すでに瀬戸内工業地帯の〝通勤圏〟は、交通の整備で、せきりょう山地の村々に及ぼうとしている。[…]
>
> そして消費、生活意識の「都市化」と、それをささえる遅れた生産構造のギャップが、さらに村の人口を流出させ、地域を激しい変動のウズに巻き込んで行く。共同体的な相互扶助でささえられていた集落の生活が根底からくずれ、結局、残った者も田畑を捨てて、村を離れる。いわゆる「過疎化現象」である。

いま中国山地、とりわけ西中国山地の山村では、こうした過疎にともなう農村集落の再編成の問題が、地

域社会の新しい課題として浮かんできた。(中國新聞社編[一九六七]上巻、五―六頁)

都市化は農山村の人口流出だけでなく、人びとの消費生活にまで及んでいった。しかし一方で、「生産の都市化」はほとんど進展しなかった。農業経営の零細性は変わることはなく、依然としてじいちゃん、ばあちゃん、かあちゃんが担い手の「三ちゃん農業」のままであった。工業化も、都市部からの誘致企業を待つのみで、目覚ましい動きは生じなかった。

そして、人口減少に伴い、学校や病院の存続といった「地域社会の新しい課題」が浮上する。それは根の深い問題として今も続いている。

宮本常一が描いた「働いてもほめられぬ生活」

『中国山地』の取材と同時期に、民俗学者の宮本常一も同じ地域を歩き、庶民の暮らしの変化を追ってきた。高度成長期は、とくに規模の小さな農家が多い中山間地域で農業による安定的な収入確保が望めず、都市部の賃金労働者になるためにやむなく村や集落を捨てた者が多い。

では村に残った者、なかでも若者はどのような生活をし、どのような心情を抱いていたのだろうか。宮本常一は『村の若者たち』で、地域に目立った産業がない様子を、島根県日原町(現津和野町)の中学校を出たばかりの少女の作文を引用して伝えている。「働いてもほめられぬ生活」と題された記述である。

わたしたちが前にうちかけた畑の中には、草がいっぱいになっていて、草をとってかからねば、うたれそうもない。祖父にけずってもらって、祖母と二人でふるう。祖父は、はだかになって汗を出している。

「こんなになるまでよく置いたものだ。お前らァだけじゃァ当分できん」といっている。わたしもそう思う。でも、人出が足りないので仕方がない。母はやとわれるところへいって、少しでもかせぐ。家の仕事はたいていが祖母にまわる。わたしは少しでもと思っていっしょうけんめい働くが、それでも他の家よりだいぶ仕事がおくれる。

母が家にいて仕事をしてくれれば、こんなにおくれはしないのだが、それでは家がやれない。毎月、大阪の会社で働いている父から送ってもらう少しのお金では足りないのだ（宮本［一九六三］一一－一二頁）。

これを受け、次のように記している。

実は、親兄弟たちすらがギリギリの生活を強いられていて、救いをもとめていたのである。そして人を、ぐちっぽくした。しかも百姓仕事を心から喜んでしているものが何ほどあるのだろうか。食わねばならないために働いている。そして村にのこっている者はみんな疲れている。そうした中に若い者がおかれてみても、そこに見出せる希望も明るさもとぼしいのは、この二人の少女の訴えの中にうかがうことができる（一四頁）。

地域にとどまった人びと

この時代、中国山地のどの村にも産業らしい産業がほとんどなかった。大阪や広島などの都市に移転していった人びとを横目に、地域にとどまった人びとは、閉ざされた環境で農業に従事するよりほかなかった。都市の華やかさに浮足立つ年頃であっても、置かれた環境上、どうにもならない。少女の作文に表れた、土地に縛られる者たちの「ぐち」は、そのような境遇のどうにもならない、やるせなさから出てきたことであろう。

宮本常一が中国山地を丹念に歩いて集めたこの記録からは、高度経済成長の華々しさの陰で、村に残された若者たちが一様に消沈していた様子がうかがえる。

当時と現代の「地域社会の課題」は、さして大きく違わない。しかし、高度成長の只中で、農山村は「都市の引っぱる力」に抗う術はなく、過疎化はなし崩し的に進行するばかりであった。それでも、残った人びとは地域資源を活かして「小さな産業化」を進め、地元で暮らし続ける方法を模索してきた。産業は、その地に人を引きとめる力を持ちうるのである。

それから約半世紀、中国山地の人びとはこの難しい課題に向き合い続け、それが現在ようやく実りつつある。本書では、とくに過疎化などの事態が著しく進行した西中国山地の「町」や「村」を取り上げ、「過疎」誕生から五〇年後の「同時代の証言」となることを目指したい。

(2) 人口が半分になるということ

ここで、過疎の発端となる人口減少が中国山地において、どのような推移をたどってきたのかを、過去六〇年間の島根県の人口変化からみてみよう。

図序-1は、島根県の人口ピラミッドを、一九五五年、一九八〇年、二〇一〇年と過去五五年間の状況を三時点で比較したものである。

島根県の人口のピークは一九五五年の九二・九万人であり、二〇一〇年には七一・七万人へと減少、さらに二〇二五年には六二・二万人まで下がると推計されている。また、島根県の高齢化率は過去四〇年間、全国一

図序－1　島根県人口ピラミッドの推移

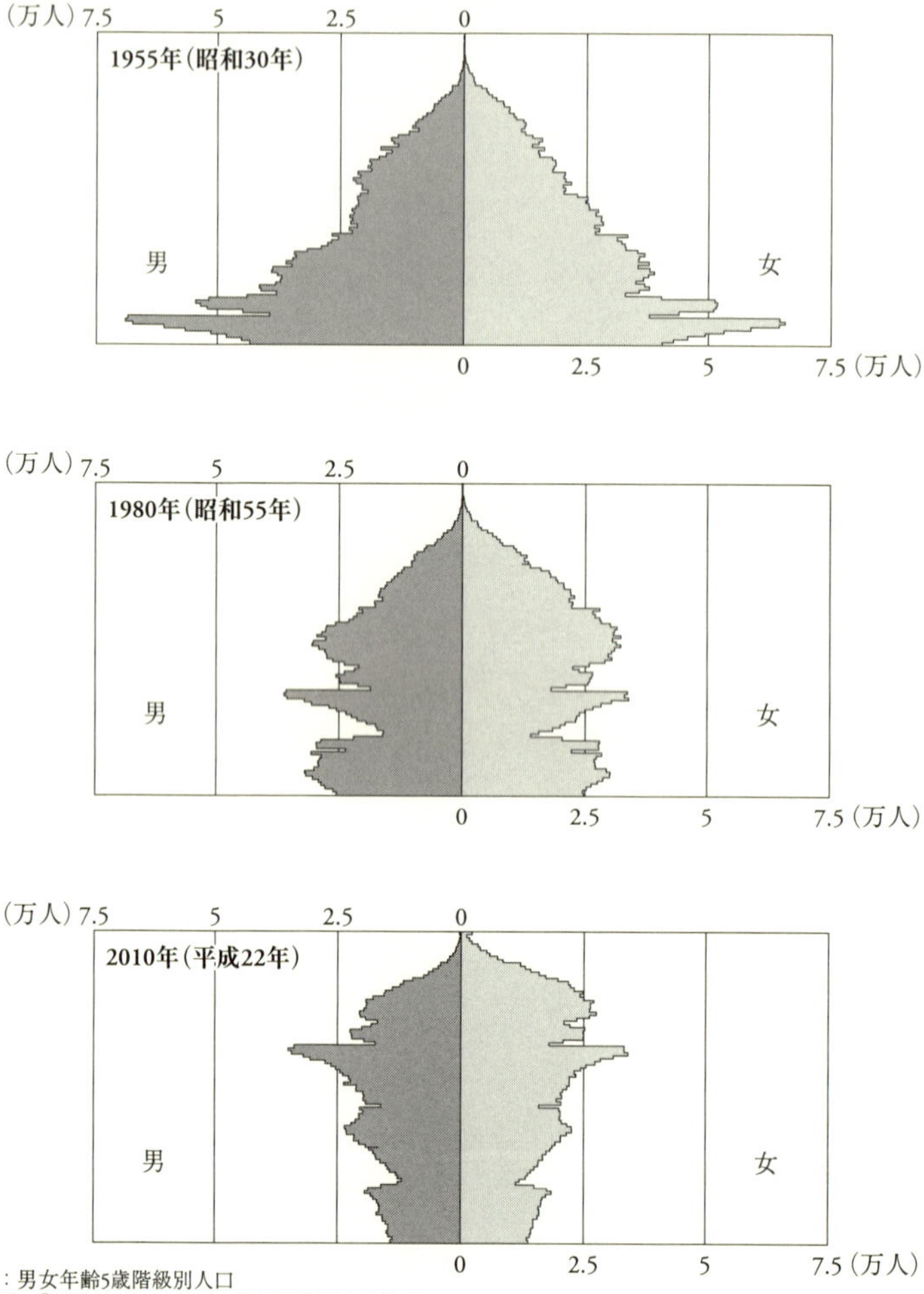

注：男女年齢5歳階級別人口
出所：『国勢調査』に基づく島根県資料より作成

であったが、二〇一〇年は二九・一%となり、秋田県（二九・六%）にその座を譲っている。

過去五五年間の人口ピラミッドの形の変化を追ってみると、一九五五年の「富士山型」から、一九八〇年には「ひょうたん型」（若年層の流出を表す）と「つりがね型」（出生率と死亡率の低下を表す）の混合型に変わっていることがわかる。それが二〇一〇年には、さらに高齢者の増加と中・低年齢層の減少によって、上の方が膨らみ下にかけて萎んだ形に変わっている。二〇二五年の人口推計による人口ピラミッドをみると、二〇一〇年と形はほぼ変わりはないが、上層がより重くなり、「逆ピラミッド型」の性質が強まっているようである。

総じて、全国の人口ピラミッドと比べて、二〇～三〇代の若年層が少なくなる「ひょうたん型」の性格が一九五五～八〇年にかけて強く出ていること、一九八〇～二〇一〇年にかけては高齢者層が膨らんでいったことがわかる。

人口が半減した中国山地の「町」

島根県のように、社会動態の変化によってわずか数十年の間に人口が半減した地域は、世界的にみても稀であろう。島根だけでなく、とくに中国山地の西部の小さな町は、この半世紀で人口が半減している。それらの町は、日本海側は山陰の主要都市である米子、松江、出雲、瀬戸内海側では山陽の主要都市である岡山、倉敷、福山、広島といった大都市や地方都市に挟まれ、人口減少と高齢化が顕著に進行したのである。

また、市町村合併が最も先鋭的に進んだのも中国地方であった。二〇〇九年度までの平成の大合併により、島根県は五九市町村（八市四一町一〇村）から二一市町村（八市一二町一村）となった。その後、二〇一一年八月に松江市と東出雲町が、同年一〇月に出雲市と斐川町がそれぞれ合併し、現在は一九市町村（八市一〇町

図序－2　中国地方の人口規模区分地図

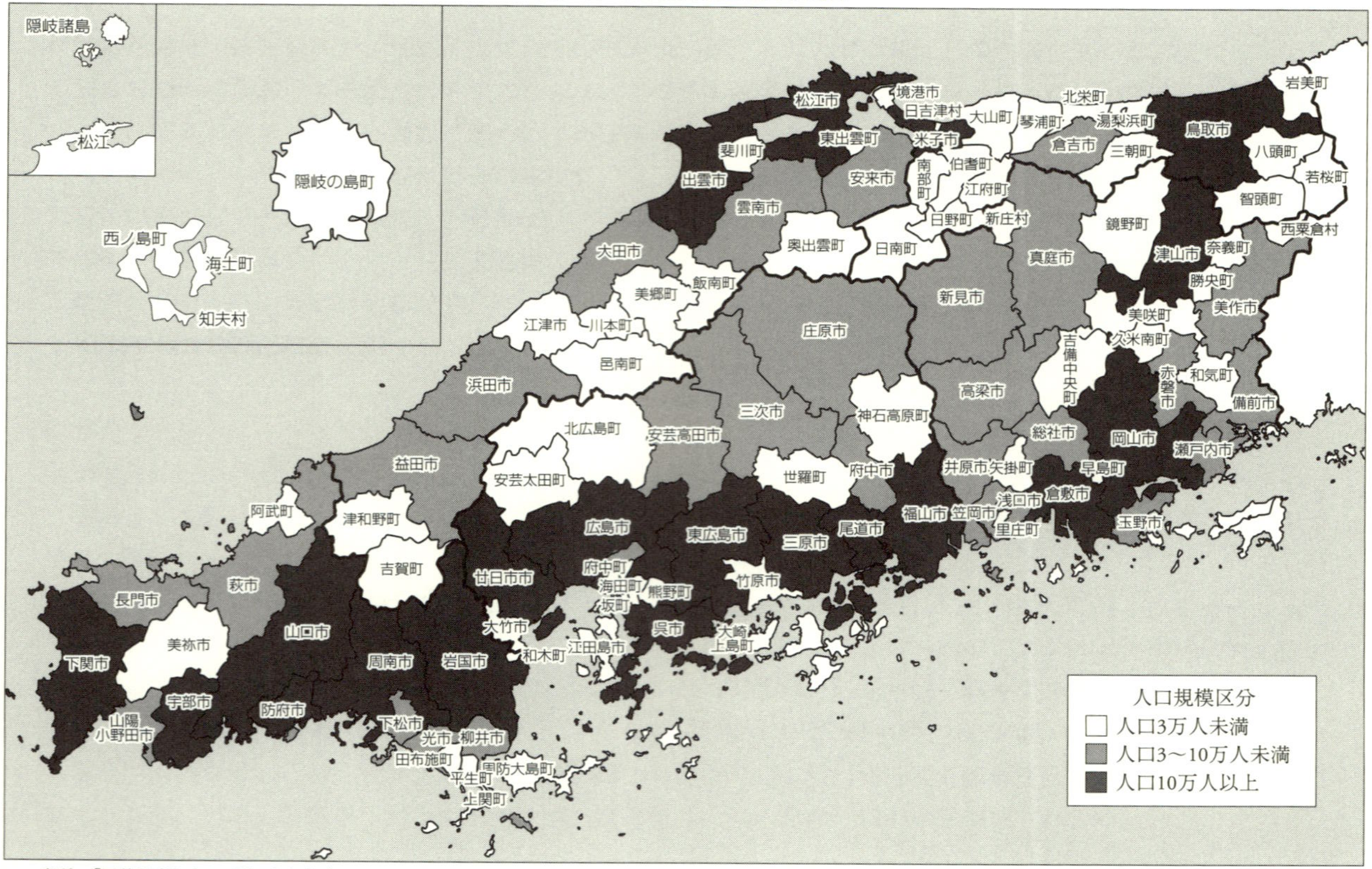

出所：『国勢調査』（2010年）より作成

表序-1　中国山地に位置する島根県、広島県の「町」の人口と高齢化率

県名	町名	2010年 人口（人）	2010年 高齢化率（%）	1960年 人口（人）	1960～2010年 人口減少率（%）
島根県	奥出雲町	14,456	36.6	26,820	46.1
	飯南町	5,534	39.4	13,010	57.5
	美郷町	5,351	41.5	15,460	65.4
	川本町	3,900	42.6	9,632	59.5
	邑南町	11,959	40.6	25,547	53.2
	津和野町	8,427	41.6	21,157	60.2
	吉賀町	6,810	40.0	13,876	50.9
広島県	神石高原町	10,350	44.7	28,244	63.4
	世羅町	17,549	36.0	30,810	43.0
	北広島町	19,969	35.0	38,165	47.7
	安芸太田町	7,255	45.3	23,312	68.9

注：1960年の人口は旧町村のデータによる。
出所：『国勢調査』各年版より作成

一村）と、三分の一にまで減っている。広島県にいたっては、八六市町村（一三市、六七町、六村）から二三市町（一四市、九町）と四分の一に激減し、「村」が消滅した。

広域合併の結果、周辺部となった町村の交通や教育などのインフラに変化が出てきているが、それに対応するために一部で住民主体の自治が確立してきた側面もあることから、合併のメリット、デメリットを一概に判断することはできない。ただ、市町村合併により、役場機能が統合されただけでなく、学校、病院、農協が経営するスーパーやガソリンスタンドなども撤退し、地域の機能が空洞化していることは事実である。

図序-2は、中国地方の市町村を人口規模で区分したものである（二〇一〇年の統計に基づき三つに区分）。中央部の中国山地が人口3万人未満の小さな町から成り立っていることがわかる。

そして**表序-1**は、中国山地に位置する島根県と広島県の「町」の人口推移と直近の高齢化率を示したものである。こうした小さな「町」の状況をみると、やはりこの五〇年間の人口減少は大きかったことがうかがえる。最も変化の

大きかった広島県安芸太田町では実に六八・九％、それに次ぐ島根県美郷町では六五・四％もの人口減少をみている。加えて、これらの「町」では、高齢化率も四割を超えたところが多い。広島県の安芸太田町の高齢化率は四五・三％と最も高い。中国山地のなかでも、西部の「町」ほど、人口減少と高齢化が進んでいる。

だが、統計からみえてこない部分もある。例えば、島根県の旧匹見町は市町村合併し、益田市となった。地理的には安芸太田町と隣接している。匹見町はこの五〇年間で八割も人口が減少し、二〇一〇年の高齢化率は六割に迫る勢いである。しかしこうしたデータは、合併後の現市町村の区分では表面上はみえてこない。したがって、旧町村の単位まで降りたって詳細をみていくと、より深刻な状況が立ち現れるのが実際のところである。

2 「集中」「分散」政策と「過疎」対策

東日本大震災以降、エネルギーや食糧の安全保障の観点から、「農村は都市なしでもやっていけるが、都市は農村なしでは立ちゆかない」という意識が高まっている。それはグローバリゼーションに並行して加速した都市への集中傾向を問い直す動きともいえる。

他方で、中山間地域では震災前から、地域ブランド、農村の女性起業、六次産業化など、「農」と「食」を起点に、地元の資源を地域のアイデンティティの象徴として再生させる動きが高まっていた。国の政策においても、二〇〇〇年代の終わり頃から、「農商工連携」や「六次産業化」をキーワードとした地域活性化施策が次々と始動していた。

従来の地域産業政策は工業や商業が対象であったため、都市型の産業政策が中心となり、地方や中山間地域には必ずしも馴染むものではなかった。中山間地域の産業基盤は農林業であって、政策としては農林水産省や農協が実施する農政の範疇にあり、経済産業省による地域産業政策や中小企業政策とは切り離されていた。それが二〇〇八年頃から新たな展開をみせはじめる。

(1) なぜ今、「農商工連携」「六次産業化」なのか

まず、経済産業省が二〇〇八年五月に、農商工連携関連法として「中小企業者と農林漁業者との連携による事業活動促進に関する法律（農商工等連携促進法）」を施行し、中小企業と農業者の連携の枠組みを制度化した。すでに二〇〇七年には「地域資源活用プログラム」が先行的に始動し、地域の自然資源を活用して新商品を開発する動きも各地で高まっていた。

続いて二〇一一年三月、東日本大震災の直前に、農林水産省が「地域資源を活用した農林漁業者等による新事業の創出等及び地域の農林水産物の利用促進に関する法律（六次産業化法）」を施行した。地域資源を活用した農林漁業者等による新事業の創出や地産地消の促進を目的としており、「農商工等連携法」と理念や目的において重なる点が大きい。

壁があった「農」と「商工」の政策

右の二つの法律はいずれも、経済産業省と農林水産省の地域活性化施策の起爆剤として注目され、とりわけ行政間の縦割り主義の弊害をなくし、省庁横断的な取り組みを可能にするものとして期待が寄せられている。地域産業政策は農林漁業者を主体としたものに向けて、大きな転換期を迎えているようである。

まだ政策的には始まったばかりの「農商工連携」と「六次産業化」であるが、農山村や中山間地域の現場では、すでに制度化以前に、政策サイドが意図するよりも一歩先に新しい動きを始めていたようにみえる。

では今になり、六次産業化や農商工連携が注目されるようになったのはなぜだろうか。一つには、中山間地域対策が急務となっていることがあげられるだろう。地形上、不利な条件を抱えている中山間地域は、耕作放棄地の急増、後継ぎの都市流出による人口減と高齢化など、長期にわたって深刻な問題に直面し続けてきた。

それに対する解決策として、従来は集落営農の普及や認定農業者制度など農業政策が中心に実施され、いわゆる商工対策中心の産業政策とは一線を画していた。「商工」と「農」の壁を越えた形で、地域の自立や産業化への新しい展開を探る道筋は、これまでの国の政策レベルではほとんど提示されてこなかったように思われる。

他方で、高度成長期以降、工業化に伴い都市化が進むなか、工業をできるだけ全国に均等に配置しようというのが地域産業政策の大きな課題とされてきた。農業の衰退や地方の過疎化がすでに深刻化していた一九八〇年代、日本経済は製造業国家としての経済モデルを確立し、それによる繁栄を謳歌していた。その後、二〇〇〇年代前半まで、地域産業政策は企業誘致や新産業創出、産業クラスターの形成などが主要な課題となっていく。経済産業省による地域産業政策や中小企業政策の世界では、長らく「工業中心主義」が続いてきたのであった。

都市化・工業化中心の地域政策・地域産業政策

戦後の地域政策および地域産業政策を振り返ってみると、特定地域への「集中」と、その揺り戻しとしての地方への「分散」といった傾向があったことが指摘できる。

表序－2　戦後の地域政策・地域産業政策の流れ

	特　徴	時　期	主な政策
第1期	工業化をめぐる拠点開発	1950～70年代	全国総合開発計画，太平洋ベルト地帯構想，工場等制限法
第2期	地方分散・再配置	1970年代～1995年頃	農村地域工業等導入措置法，日本列島改造計画，テクノポリス法，工業再配置促進法
第3期	産業の都市集中，産業集積の機能向上	1995～2000年頃	産業集積活性化法，新事業創出促進法，まちづくり三法（中心市街地活性化法，都市計画法，大店立地法）
第4期	クラスター政策，地域再生，都市再生	2000～2010年頃	産業クラスター計画，知的クラスター創生事業，地域再生法，構造改革特区
第5期	「農」を意識した地域活性化	2000年代後半～	地域資源活用促進法，農商工連携，六次産業化法

その時期を大きく四つに区分すると、第一期の「拠点開発期」（一九五〇～七〇年代）、第二期の「地方分散期」（一九七〇年代～九五年頃）、第三期の「都市への集中と産業集積の機能向上の時期」（一九九五年～二〇〇〇年頃）、第四期の「クラスター政策と『国から地方へ』の時期」（二〇〇〇年代）に分けることができよう(2)。そして、現在は第五期（二〇一〇年前後～）の新たな段階に当たる。

第一期は、戦後復興期から高度成長期にかけてであり、工業開発をめぐる集中政策と分散政策の相克がみられた時期である。代表的な政策としては、太平洋ベルト地帯への産業集中化が図られた一方で、第一次全国総合開発計画（一全総）のもとで工業の分散化が展開された。

第二期は、工業の地方への分散化・再配置政策がとられた時期で、大型プロジェクト構想や地方での産業育成施策が目立つ。地域格差を解消するための政策として、農村地域工業等導入措置法（一九七一年）や日本列島改造計画（一九七二年）などが打ち出された。また、一九八〇年代からはハイテク製造業の立地促進を目的とするテクノポリス法と、ソフトウェア産業などの支援サービス制度、施設の立地促進を目的とする頭脳立地法

（いずれも一九八三年）によって、地方圏の科学技術振興が政策のメインとなっていく。この二つはその後、一九九九年になると廃止され、新事業創出促進法に統合された。新しい中小企業政策として注目されたが、その成果については厳しい意見が向けられることも少なくない。

一九九〇年代半ば以降の第三期は、第二期とは逆に、産業集積の機能向上や産業の都市集中が課題となっていく。企業の海外生産の高まりから、地域産業の空洞化を防ぐことが目指された。「産業集積」が地域産業・中小企業研究のキーワードとなり、各地の実態調査も進んだ。また、地域の個性や自立を基礎に置いた「まちづくり三法」（中心市街地活性化法、都市計画法、大店立地法）が一九九八年に制定され、都市計画やまちづくりのリノベーションが脚光を浴びるようになる。しかし、法は整備されたものの中心市街地の衰えはむしろ加速したと指摘する声もある。その後「コンパクト・シティ」の概念が取り入れられるなどして、「まちづくり三法」は何度か見直しがなされることになった。

第四期は、二〇〇〇年代以降のクラスター政策の高まりの時期であり、新事業創出による日本経済のテコ入れが目指された。経済産業省による産業クラスター計画では全国で一九地域が認定され、産学官連携をもとに新産業の創出や起業の推進が図られていった。これによって大学発ベンチャーも増え続け、二〇〇三年には一万件を突破したとされる。

一方、二〇〇〇年代に入ってからは、地域再生、都市再生、さらには地方再生が声高に叫ばれるようになった。一九九〇年代の失われた一〇年を反映し、地域政策でも「再生」がキーワードとして定着したようであった。とくに小泉政権時代（二〇〇一年四月～〇六年九月）には、「地域再生」が構造改革特区と並んで国の政策の柱となった。二〇〇三年に地域再生本部が内閣に設置され、翌〇四年四月には地域再生法が成立した。地方分権の流れとあいまって、これまでの上意下達型の地域政策から、地域自らの発意による再生策への転換が提唱され、地域のニーズに応じた取り組みに対して交付金課税特例や税の優遇措置などが実施されていった。

第五期の新たな地域政策・地域産業政策

このように戦後五〇年間の流れを追うと、国による地域政策・地域産業政策は「都市への集中」と「地方への分散」の間で揺り戻しがみられたことがわかる。だがいずれにせよ、それらは主に大都市や交通インフラが整った中小都市を対象としており、中山間地域などの条件不利地域に適合するものではなかったのではないか。経済成長期には、工業化や都市化による発展モデルを後押しする政策が一定以上の機能を果たしていた。しかし、二〇〇〇年代に入ると、高齢化や人口減少、財政悪化など地方経済の閉塞感がいっそう高まるなかで、地域間格差が改めて問題視されるようになり、従来の都市中心型の地域産業政策の枠組みを脱却する必要性が高まってきた。

そこで、中山間地域などでは「農」と「食」を産業の土台としながら、人びとが地域で安定的な収入を持続的に得ることができる仕組みが、自発的に模索されるようになった。「農商工連携」や「六次産業化」などの新しい地域産業政策は、そうした自発的な取り組みの後に登場してきたようである。それらの政策は、中山間地域をはじめとする条件不利地域を主な対象とするものであり、今までの地域政策・地域産業政策とはかなり異なる性格を持つと思われる。

こうした中山間地域や農山村を対象にした政策が目立ち始める二〇一〇年前後以降は、地域政策の新たな段階であり、第五期ということになるだろう。

さらに、そこでは市町村合併も追い風となっている。基礎自治体が合併を経て、資源を結集し新たな地域ブランドの創出に向かうケースが増えてきた。広域と化した地域の新たな枠組みのもとで、自立的・内発的な動きが芽生えようとしている。小さな基礎自治体ほど、その動きは活発で、「商工」と「農」の壁を越えた政策の展開がみられ、最近の農商工連携や六次産業化の興味深い取り組みを生み出しているといえる。

(2) 「過疎」と「限界集落」を超えて

都市化・工業化を中心とした地域政策・地域産業政策と並行して、高度成長期には一連の過疎対策も講じられていった。経済成長期における日本の地域政策の裏表の関係であったといえる。

「過疎法」の指定

過疎対策では、地域で暮らし続ける人びとの生活水準を維持することが目的となる。まず一九七〇年に「過疎地域対策緊急措置法」が制定され、その後、特別措置法の時限立法として継続的に対策が実施されてきた。二〇一〇年度からは新たに「過疎地域自立促進特別措置法(過疎法)の一部を改正する法律」が定められ、二〇一五年度まで継続実施されることとなった。これにより、過疎地域は過疎対策事業債を発行することができるようになり、当該自治体にとっては命綱のような存在とされている。

過疎地域の認定は、人口要件と財政要件の双方を勘案して行われる。いろいろな基準があるが、例えば、人口要件は一九六〇~二〇〇五年までの人口減少率が三三%以上、財政要件は二〇〇六~〇八年度までの財政力指数平均が〇・五六以下、などの基準が設けられている。ほかに年齢構成を加味した基準や、年度の取り方が違う基準もある。多くの市町村で、人口減少の推移や年齢構成を細かくみていく必要性が生じているようである。なお、過疎地域と認定された市町村の数は現在七七六で、全国一七二四市町村の四五%に当たる。

図序－3　島根県の過疎市町村

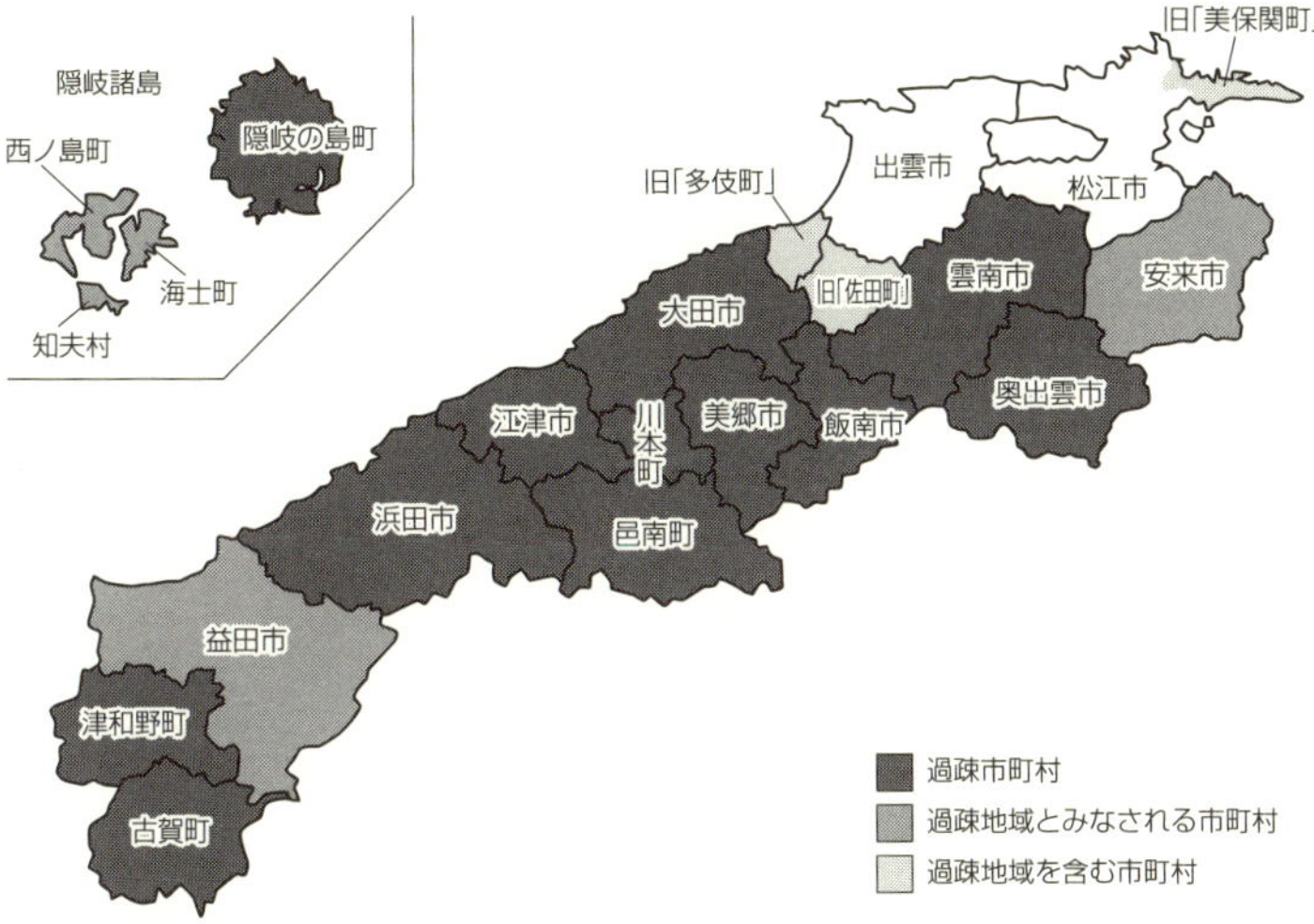

図序－4　広島県の過疎市町村

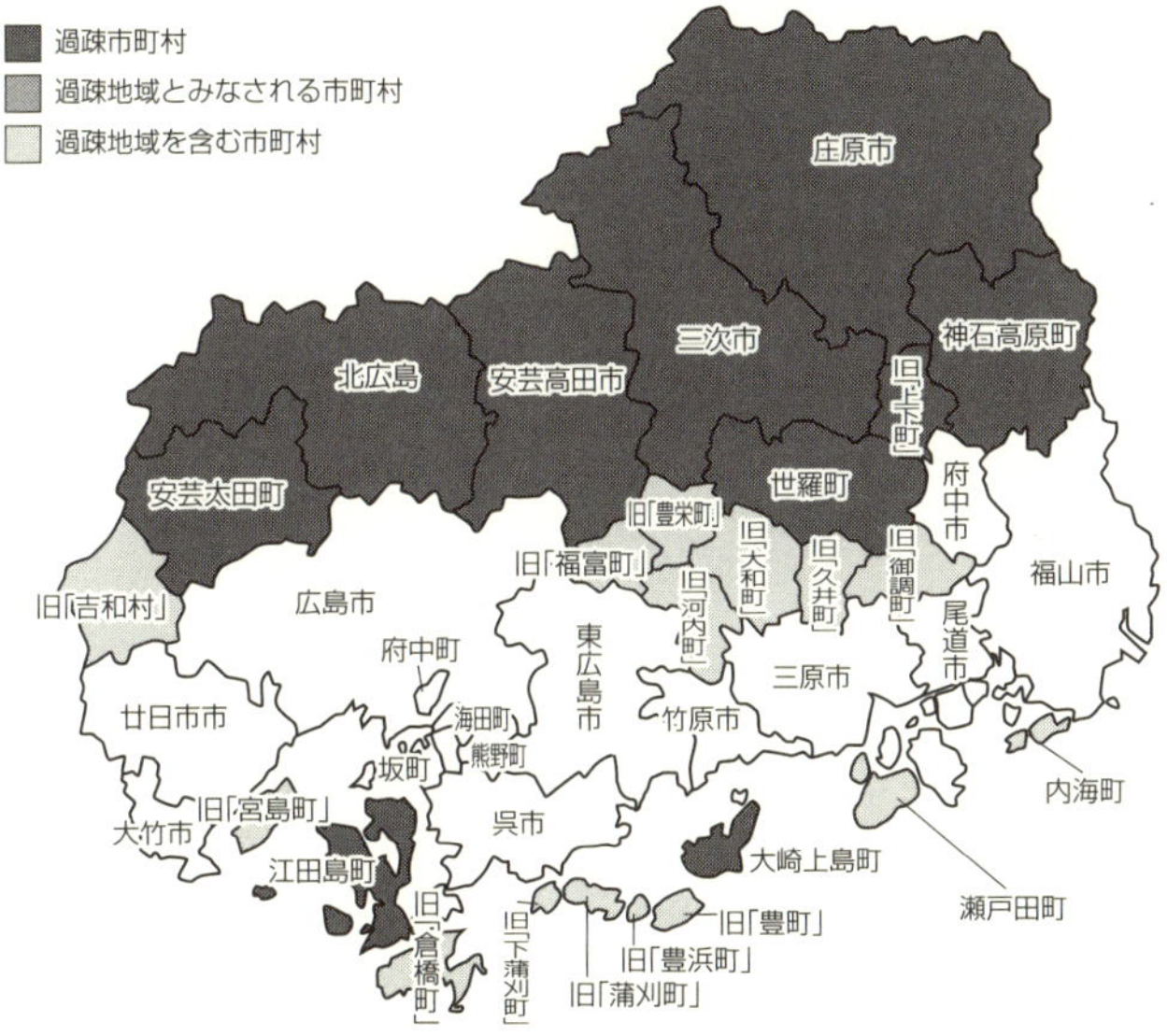

出所：いずれも全国過疎地域自立促進連盟資料より

過疎地域はすべての要件を満たす「過疎市町村」、一定の要件を満たした「過疎地域とみなされる市町村」、合併前の旧市町村が過疎地域に該当する「過疎地域とみなされる区域のある市町村」に分けられる。島根県では松江市と出雲市を除くほぼ全ての自治体、広島県では中国山地に位置する自治体が過疎市町村となっている。

こうした中国山地の市町村は、「過疎法」の認定を受けることにより、多かれ少なかれ財政的な支援を受けてきた。一方で、むしろ自立の妨げになるなど、従来から「過疎法」については賛否両論がある。人口減少に直面する市町村が急増し、地方だけでなく大都市圏でも人口減少に転じてきた現在では、財政面の持続性も問題視されており、時代に即応した新たな過疎対策が求められている。人口減少時代、超高齢社会における、地域の「自立」の道を真剣に考える時が来ているようである。

「限界集落」を超えて

「過疎」と関係が深い言葉に「限界集落」がある。六五歳以上が人口の半数を占め、社会的共同の維持が困難な集落を指す。

一九九一年、当時高知大学教授であった大野晃氏が提唱した概念である(3)。大野氏は高知県の山間地を歩き、調査を続けるうちに、「過疎」という概念が実態とずれており、事態はより深刻化していると感じ、「限界集落」という新たな概念を創出した。

大野氏の分類によれば、集落は次の四つに分けられる。五五歳未満が半数以上で後継者が確保されている「存続集落」、五五歳以上が半数を占め、近い将来、後継者がいなくなると予想される「準限界集落」、「限界集落」、そして人口と戸数がゼロになった「消滅集落」である。さらに、六五歳以上の高齢者が人口の半数を超え、福祉負担の増加などによって財政の維持が困難になった小規模自治体を「限界自治体」と名づけた。

長期にわたる高知県の中山間地域の観察をもとに、集落や小規模自治体の「維持」をめぐる重要な問題を提起した優れた研究である。そこには集落や地域の社会的機能を維持するうえで、財政面だけでなく、何らかの対策を講じなければならないという強い危機感とメッセージが込められている。

ただし、限界集落の状況だけに目を奪われ、「衰退論」に終始することは、問題の解決を遠ざけることになる。[4] 農山村の集落や地域を、人びとの生活の基盤と捉え直し、その機能の維持に有効な対策を個々の地域ごとに編み出していく必要がある。

わたしたちは東日本大震災を経て、地域の復興、TPP（環太平洋戦略的経済連携協定）問題など、農業や食糧問題への関心をいっそう高め、地域資源を有効に活用した産業のあるべき姿を再考するようになっている。身近な「食」から日本の将来を考える姿勢は、いまや世論でも広く共有されている。

なかでも、生産者の顔が見える「農産物直売所」は、農山村の現場で、新たな希望を導く存在となりつつある。系統流通に乗らなかった少量の農作物が商品価値を持つようになり、生産者と消費者が直接コミュニケーションをとることを可能にした点は画期的であろう。あるいは、各地の農村女性たちは「自立」への欲求を「女性起業」という形で実現させている。「村」に残った人びとが、自分たちのできる範囲で産業化に踏み出していった結果、新たな地域ビジネスを確立しつつある。このような動きが、意外にも「脱成長」の時代を先導していくのかもしれない。

3 「創造的地域社会」の意味するところ

農山村の現場では、深刻な過疎などの条件不利を果敢に乗り越え、中央の政策の現場をむしろ牽引するような形で、「自治」「産業化」をめぐる想像を超えるような独創的な取り組みが重ねられつつある。では、そうした地域自立の取り組みを、現状分析による危機のメッセージ性を超えて、どのような学問的系譜と価値観から捉えていくべきなのか。

先にみた政策の動向からも明らかなように、人口増加と経済成長の時代における地域社会経済のキーワードは「経済発展」「工業化」「集積」などであった。だが、これからの人口減少と脱経済成長の時代は、「地域の自立」を促す概念として、「創造性」「コミュニティ」といった言葉がキーワードとして浮上しつつあるようにみえる。

東日本大震災を経て、論壇でもこれらの言葉が目につくようになった。それはローカル性が新たな価値を持つようになったことをも表している。

(1) 第一のキーワード「創造性」

地域の「創造性」はこれまで、主に都市論の文脈で論じられてきた。グローバルな地域間競争、都市間競争のなかで、地域や都市が持続可能な成長を果たしていくには、従来の大量生産・大量消費・大量廃棄のシステムに基づく工業化や産業化を超えた新たな経済観が求められる。その際に「創造性」は重要な概念となる。

「内発的発展」の含意

グローバリゼーションの進展と並行してローカル性を重視する発想は、決して新しいものではない。すでに一九七〇年代には、欧米的な近代化論に基づく経済発展が環境問題や南北問題を引き起こしているとして、オルタナティブな発展を求める思想が提唱されていた。内発的発展論である。

宮本憲一氏によれば、内発的発展とは「地域の企業や個人が主体となって地域の資源や人材を利用して、地域内で付加価値を生みだし、種々の産業の連環をつけて、社会的剰余（利潤と租税）をできるだけ地元に還元し、地域の福祉・教育・文化を発展させる方法である」（宮本［二〇〇六］一六四頁）。

周知のように内発的発展はもともと、国際開発・国際協力の分野で提唱された概念であった。先進国が途上国を「外から」援助する支援は一時的なものになりがちで、多くの場合、途上国の持続的発展には結びつかない。欧米由来の近代化論を押しつけるのではなく、地域住民が自らの手で持続的な経済システムを構築していく必要があるとされてきた。それがやがてより広義に、大量生産・大量消費・大量廃棄を特徴とする経済成長モデルに対峙する概念として捉えられるようになっていった。

また後述するように、都市論の分野では、都市を単位に、市場原理だけでは計ることができない文化や社会システムの充実に力点を置いたイタリアや日本の都市を対象とした研究などが蓄積されてきた。一方で、農山村の地域の自立という文脈においても、内発的発展が意識されることが多い。国際開発分野で議論されてきた内発的発展論を、拡大し援用した形と捉えられる。

企業誘致などの地域活性化策は、雇用や所得の向上など大きな効果がある一方、景気など経済情勢の変化に左右されやすく、また環境負荷も大きくなるため、長期的な地域の便益向上には結びつかない場合も少なくない。それに対し、小さいながらも自立的な産業化、持続可能な産業化を地域内から創造することを目指すのが内発的発展であり、地域固有の価値を引き出していくことに重点を置いている。

内発的発展は、その言葉を使うにせよ使わないにせよ、総じて地域を対象とした研究においては、社会的正義に基づく概念として広く共有されているといってよい。

る。

「創造都市」「創造的地域」からの示唆

内発的発展においては、産業や文化の「創造性」が重視される。とくに都市論の系譜で顕著な傾向がみられる。

いち早く、都市の創造的活動に着目したジェイン・ジェイコブズは、都市は人間の創造的な活動を媒介する場であり、経済発展の単位は国ではなく都市や地域であるとした[5]。通常の経済学は国民国家ごとに成立する経済を想定してきたが、その概念を覆したことにより、都市経済学の存立基盤を確固たるものにしていった。

これらを踏まえ、芸術活動などの創造的な活動を都市の原動力と捉え直したのが、佐々木雅幸教授の「創造都市」の議論である。佐々木教授によれば、「創造都市とは人間の創造活動の自由な発揮に基づいて、文化と産業における創造性に富み、同時に、脱大量生産時代の革新的で柔軟な都市経済システムを備えた都市である」(佐々木［二〇〇一］四〇-四一頁)。

佐々木教授は議論のなかで、イタリアのボローニャと日本の金沢を創造都市の代表として取り上げている。とくに金沢については「内発的創造都市」と名づけて、地域の特徴を深く掘り起こした。金沢は時代の変化に即応しつつ、伝統産業における職人的生産システムを基盤として、文化的生産の都市としての性格を維持し続けてきた。文化活動と経済活動のバランスをとりながら、独自の発展をみせている点で、ポスト大量生産システムにおけるひとつの都市像を形成している。

さらに、佐々木教授は創造性は都市にだけでなく、地方圏にも拡げていくべき概念であることを示唆しており、「誰もが創造的に生き、仕事ができる地域」のことを「創造的地域」と呼んでいる。

本書はこのような「創造的地域」の概念を継承しつつ、農山村の自立や創造性、社会的機能に着目して「創造的地域社会」という言葉を提示したわけであるが、その際にもう一つ意識したのが、広井良典氏による「創造的福祉社会」の概念である。

「創造的福祉社会」からの示唆

広井氏は経済成長が終わった次の時代を見据え、新たな日本の社会構想を展望する視点から独自の地域論を展開してきた。とくに二冊の近著『コミュニティを問い直す――つながり・都市・日本社会の未来』『創造的福祉社会――「成長」後の社会構想と人間・地域・価値』は、地域やコミュニティを主題として、新たな日本の社会像を展望している。

かつてより広井氏は「限りなき経済成長」を追求する時代は終わったとして、「定常経済システム」あるいは「定常型社会」という社会経済の新たな価値原理を提唱してきた。そして、脱成長の時代に都市や地域社会がどのように変容するかに着目し、近年では「創造性」というキーワードを展開するに至っている。著書では次のように述べられている。

「創造性」というと経済競争力や技術革新といったことと連動して考えられることが多いが、発想を根本から変えてみると、これまでのような「成長・拡大」の時代とは、実は市場化・産業化（工業化）・金融化といった「一つの大きなベクトル」に人々が拘束・支配され、その枠組みの中で物を考え行動することを余儀なくされていた時代と言えるのではないだろうか。だとすると、私たちがこれから迎えつつある市場経済の定常化の時代とは、そうした「一つの大きなベクトル」や〝義務としての経済成長〟から人々が解放され、真の意味での各人の「創造性」が発揮され開花していく社会ととらえられるのではないだろうか（広井［二〇一一］三八頁）。

「定常化の時代」を「文化的創造の時代」と捉え、答えのないプロセスを楽しむ営みから生まれる「創造性」に価値を置いているようである。広井氏はそれを、文化人類学でレヴィ＝ストロースが提唱した「ブリコラージュ」（日常の中での創意工夫）に連なる考え方ともしている。

また、今後は「時間」ではなく「空間」の座標軸が優位になっていくことを示唆し、その文脈から地域やローカルを「創造性を開花させる空間」として再定義しようとしている。そして、グローバル化のなかのローカル化において、「コミュニティ」がどのように変わっていくのかにも着目し、地域コミュニティを軸とした福祉社会に向かっていくことを示唆している。

(2) 第二のキーワード「コミュニティ」

たしかに地域の社会経済、とくに農山村の社会経済を考える際、人口動態や経済条件といった環境の変化とともに、人びとの生活基盤としての「コミュニティ」がどのように変わってきたのか、あるいはどのように自立に向かっていったのかを議論する必要がある。

コミュニティをめぐる議論については、二〇〇〇年代以降、社会科学全般を横断するテーマとして多くの論者が扱っている。そうした議論の基底には、経済成長を遂げ、成熟化した社会では、右上がりの成長を追求する時代とは異なる新たなコミュニティのありようが求められ、同時に作り上げていかなくてはならないといった共通認識がある。

そして「フリーター」「ニート」「無縁社会」などに象徴される孤独な都市生活者の拠りどころとしても、コミュニティに大きな期待が寄せられている。さらに東日本大震災を経て、コミュニティの再構築は日本社会全体のテーマとしていっそう関心が注がれるようになっている。

コミュニティや関係性に着目

かつてより、日本社会のコミュニティは「集団」への帰属意識が強いと一般に思われてきた。

社会人類学者の中根千枝氏は『タテ社会の力学』で、「ウチ」と「ソト」を明確に区別する日本社会では、人びとの行動を律するのは法ではなく、個人あるいは集団間にはたらく力学的規制であるとした。自分が属する集団の「ウチ」に対しては異常に気を使うが、「ソト」の集団に対しては身勝手にふるまうといった日本人の特質を踏まえ、広井氏は日本社会における人と人との関係性の特徴を「集団が内側に向かって閉じる」と表現している。このように日本型コミュニティは「ウチ」への意識が強く働くという性質が認められる。

そのうえで、広井氏は「都市型コミュニティ」と「農村型コミュニティ」の違いに着目する。都市化や工業化の以前は、日本では「生産のコミュニティ」と「生活のコミュニティ」はほぼ一致していたが、高度成長期を経て両者は分離していった。「生産のコミュニティ」としてはカイシャが圧倒的な存在として台頭し、「生活のコミュニティ」は核家族に代表されるように、日本的なコミュニティが都市化と同時に形成されていったのであった。この点、農村のコミュニティと都市型コミュニティは大きく異なっている。

広井氏は人と人との関係性に注目しつつ、二つのコミュニティのタイプについて、次のように述べている。

端的にいえば、ここで「農村型コミュニティ」とは、〝共同体に一体化する（ないし吸収される）個人〟ともいうべき関係のあり方を指し、それぞれの個人が、ある種の情緒的（ないし非言語的な）つながりの感覚をベースに、一定の「同質性」ということを前提として、凝集度の強い形で結びつくような関係性をいう。これに対し「都市型コミュニティ」とは〝独立した個人と個人のつながり〟ともいうべき関係のあり方を指し、個人の独立性が強く、またそのつながりのあり方は共通の規範やルールに基づくもので、言語による部分の比重が大きく、個人間の一定の異質性を前提とするものである（広井［二〇〇九］一五頁）。

つまり、農村型コミュニティは「共同体的な一体意識」に基づいているのに対し、都市型コミュニティは「個人をベースとした公共意識」に立脚している。広井氏の著書では、都市のコミュニティが主要なテーマであるが、農村型との対比を通してその原理の違いが明確にされている。

一方で、コミュニティの性質のみでみてしまうと、農村は前近代的なイメージで捉えられてしまいがちであるが、そうではなく、食料供給などの面に着目し、「地域の自立」という観点からみると、むしろ「農村は都市なしでもやっていけるが、都市は農村なしではやっていけない」ことが明らかになると広井氏は述べる。

農村型コミュニティの基層には、たしかに「同質性」や「共同体的な一体組織」があると思われる。だが、成熟社会に対応して、農村型コミュニティは新たな形へと変容、進化しているし、そこから生まれる創造的な営みもある。こうした点については、どのように把握すればよいだろうか。

農村コミュニティにおける創造性

ひとつには、人と人との関係性を超えたところに、コミュニティの存在意義があるということを再認識する必要があろう。群馬県の山村で暮らす哲学者の内山節《たかし》氏は、コミュニティという言葉ではなく「共同体」という言葉を好んで使っているが、その理由について次のように述べている。

外来語の「共同体」は人間の共同体を指していて、自然と人間の共同体を意味する日本の地域社会観とは違う概念であることをみておかなければいけない。[…]

たとえば村とか集落というとき、日本の村や集落は伝統的には自然と人間の里を意味している。自然もまた社会の構成者なのである（内山［二〇一〇］四一頁）。

内山氏によれば、農村におけるコミュニティ／共同体とは、自然と人間がともに構築する一体的な世界であり、自然も社会の構成者として重視されるべきだという。農村のコミュニティ／共同体について考察するならば、こうした自然との関係も無視できない。単に人と人の関係だけでコミュニティ／共同体を捉えてしまうと、農村でのさまざまな創造的な営み、とくに自然との時間をかけた対話によって成り立つ「農」や「食」を軸とした産業化、それを可能にするコミュニティの活動がみえてこない。

またこれと関連し、自然と密接に関わる農村型コミュニティは、ゆっくりとした時間のなかで生まれてくるものであり、逆にいえば農村でコミュニティを成立させるには十分な時間が必要であるともいえる。しかしもちろん、時間をかけて熟成されたコミュニティが定常的・固定的になるということではなく、実際には時代に即応した形で柔軟に変化していくものなのだろう。

つまり、農村型コミュニティは人と人との関係性においては「同質性」や「共同体的な一体意識」を特徴としながら、時間や空間の性質としては自然との一体性を有し、時代に応じて変わってきた。依然として「生活の場」と「生産の場」が一体であり、共同体としての結束を保ちつつも、成熟社会のなかで自立を模索し、独自の取り組みを築きつつある地域が、農村型コミュニティの新たなかたちを創造しているのかもしれない。

地域人材の変化

農村コミュニティの変化の一端は、村や集落における「地域人材」の変化にも表れている。

例えば、高度成長期の前期、およそ一九六〇年代前半頃までの農村において、地域人材とは、村長、篤農家、校長、駐在、郵便局長といった人びとを意味した。しかし、都市化や工業化が進むなかで、家の跡取り以外は地域を離れ、よそで生きることを余儀なくされ、農村地域は人口流出の一途をたどる。そうして高度成長期の後半の一九七〇年代以降、地域人材は地方公務員、地方議員、建設業者、自営業者などに代表されるようになっていった。「むら」にも道路やインフラの整備、誘致工場の建設などによる工業化の波が押し寄せたからである。

しかしながら、先述のように、地域政策・地域産業政策が集中と分散を往復し、ハードからソフトに変わるなかで、地域人材の様相も新たな転換をみせてきた。今では、右に挙げたようないわゆる「地元の名士」の立場の人びとよりも、「普通の人びと」が地域産業を主導する存在となりつつある。小さな町村の役場の若手職員や農協職員、農村女性、定年退職を迎えた人びと、U・Iターン者などが浮かぶ。とくに農村女性たちの台頭が最も大きな変化であろう。こうした動きは、おそらく二一世紀に入ってから本格化してきた。

このように地域産業をリードする人材に着目すると、その変化に応じてコミュニティも形を変えてきていることがみえてくる。またリーダー像が変わることによって、農山村に自立的な動きが現れるようにもなった。そこから、産業化がコミュニティ創出の側面もあわせもっていることが明らかになってくる。たとえば、農村女性たちによる農産物直売所や農産物加工場も、ひとつの産業的な性格を帯びたコミュニティとして捉えることが可能であろう。あるいは、集落営農や集落法人なども、集落を基盤とした伝統的なコミュニティの性質を保っている一方で、小さいながらも新たな産業をおこす現代的なコミュニティとみることもできよう。

(3) 各章でみていくこと

以上のような議論の系譜を踏まえつつ、本書では「創造性」「コミュニティ」そして「自立」をキーワードに、全国一の人口減少・超高齢社会を経験している中国山地の中山間地域が、どのように変化を遂げているのかを追っていく。

第1章「『地域自治組織』にみる新たな地域コミュニティ」では、現代版の「農村型コミュニティ」のモデルとして、自立的な住民自治の取り組みの歴史と現在に着目する。住民が自ら考え、自ら行動に移していくことをモットーとする「地域自治組織」の多彩な取り組みから、「地域自治の自立」について考察したい。

第2章「『集落営農』にみる地域ビジネスと地域扶助」では、集落営農を基盤とした「地域経済と地域福祉の自立」を取り上げる。小規模農家から構成される集落では、高齢化と後継者不足による農業継続の危機に直面して、集落内で農地を集約し、代表の数人で米作を営む「集落営農」が普及しつつある。この集落営農が発祥したのが中国山地であり、すでに先進的なモデル事例が生まれている。地域内の福祉や公共事業にまで踏み込む集落営農も現れてきており、第1章の「地域自治組織」と並んで、超高齢地域社会における新たな「コミュニティ」と「自立」の実践の場として注目される。

第3章「農山村を引っ張る『女性起業』」では、農産物直売所、農産物加工場、農村レストランなどに代表される女性起業の意義と活動の実態についてみていく。今や一万件を超えるとされる女性起業は、農山村や中山間地域の希望を導く存在となりつつある。閉鎖的とされてきた農村において、女性たちが自らビジネスに踏み込むことで、社会的地位を上昇させ、コミュニティの変容をも促している。ここでは、過疎発祥の地、島根県益田市（旧匹見町）の限界集落における女性起業に注目し、そこから超高齢社会における働きがいと生きがいの創出に関するひとつのモデルを抽出する。

第4章「『地域型社会的企業』の台頭」では、地域に利益を還元する社会的企業（ソーシャル・ビジネス）を取り上げ、その現代的意義について考えていく。島根県雲南市（旧吉田村）の住民出資の社会的企業の取り組みから、地元資源を活用した地域ビジネスの本質、起業家的経営と地域自立の関係などを掘り下げる。

第5章「『産業福祉』という発想」では、地域産業振興の拠点として台頭してきた「道の駅」や「農産物直売所」が、本来の目的を超えて「福祉」の分野にまで踏み込んでいる事例を紹介する。現在、道の駅は全国九八七カ所、農産物直売所は一万六〇〇〇施設以上あるとされる。系統流通にのらない農作物を消費者に届ける場として機能し、増加・拡大路線を走ってきた。だが、条件不利地域とされる中山間地域では、生産者の側に深刻な問題が生じている。高齢のため直売所や道の駅に出荷できなくなり、農業をやめざるをえない生産者が増えているのである。このような現状への対応策として、広島県北広島町（旧千代田町）の道の駅の取り組みから、「産業と福祉」を同時に充実させる仕組みについて考えたい。

第6章「これからの地域産業政策と自治体の役割」では、まず全国自治体へのアンケート調査から、基礎自治体の産業振興の現状と課題についてみていく。そして、農林業と商工業の壁を越え、両者を融合した支援を意識する自治体が現れつつあることに注目する。市町村合併以降、新たな地域アイデンティティを盛り込んだ独自の産業政策を展開する自治体も目立ち始めてきた。筆者自身、島根県益田市の「産業振興ビジョン」、島根県邑南町の「農林商工等連携ビジョン」の策定に関わってきた経緯から、主にこの二つの自治体の動きをつうじて、地域産業政策の将来の指針や自治体に求められる役割を考察する。

このように各章ごとに「地域自治組織」「集落営農・集落ビジネス」「女性起業」「社会的企業」「道の駅・農産物直売所」「地域産業政策」という六つのトピックを取り上げ、そこから成熟社会あるいは定常時代の「地域の自立」とはどのようなものでありうるかを展望できればと思う。そして終章では、1〜6章の各章の中国山地の「自立」の事例を「創造性」と「コミュニティ」というキーワードに照らしながら整理し、今後の地域社会について展望する。

農山村に暮らす限り、農地や森林を含めた空間的な地域の維持は避けることのできない課題である。都市はこの重い課題を長らく農山村に負わせ、工業による発展を享受してきた。だが、農山村はそのような荷を負うだけで黙してきただけではない。都市の価値観では思いもよらないような地域の風土に根差した価値の創造がなされている。わたしたちはそこから多くのことを学びうるはずである。本書をつうじて、農山村に生きる人びとの「自立」の意識が高まっている現状を紹介し、超高齢地域社会を豊かなものにしていくためのヒントを探ることができればと願う。

（1）小田切徳美・安藤光義・橋口卓也『中山間地域の共生農業システム——崩壊と再生のフロンティア』農林統計協会、二〇〇六年、小田切徳美『農山村再生——「限界集落」問題を超えて』岩波書店、二〇〇九年を参照。

（2）吉野英岐「戦後日本の地域政策」岩崎信彦・矢澤澄子監修『地域社会学講座3 地域社会の政策とガバナンス』東信堂、二〇〇六年、西川一誠『「ふるさと」の発想——地方の力を活かす』岩波書店、二〇〇九年、大西隆編『広域計画と地域の持続可能性』学芸出版社、二〇一〇年、総合開発研究機構『逆都市時代の都市・地域政策』ＮＩＲＡ研究報告書、二〇〇五年等を参照した。

（3）大野晃『山村環境社会学序説——現代山村の限界集落化と流域共同管理』農山漁村文化協会、二〇〇五年。このうち、第2章「現代山村の高齢化と限界集落」が一九九一年に発表されている。

（4）限界集落問題や過疎問題に対する批判的見解については、山下祐介『限界集落の真実——過疎の村は消えるか？』筑摩書房、二〇一二年がある。

（5）ジェイコブズ、J『都市の経済学――発展と衰退のダイナミクス』中村達也・谷口文子訳、鹿島出版会、一九八六年。また、経済学におけるジェイコブズの評価、解釈については、塩沢由典『関西経済論――原理と議題』晃洋書房、二〇一〇年を参照。

第1章

「地域自治組織」にみる新たな地域コミュニティ

地方では人口減少と高齢化により、地域産業の縮小と地方自治体の機能の低下が課題となるなか、住民自らによる「官」に依存しない「自治組織」が各地で設置されつつある。地域問題の処理を行政だけに任せず、「民」の力で解決しようと、住民たちによって組織づくりがなされてきた。「地域自治組織」と呼ばれるこの組織は、中国山地の中山間地域の現場から生まれ、今では全国の農山村で広がりをみせ始めている。

「地域自治組織」は住民が自ら考え、自ら行動に移していくことを目的とした組織である。複数の町内会や自治会が合わさり、およそ小学校区や旧町村単位で組織されている。地域の課題の克服に向け自治機能だけにとどまらず、産業分野にも参入するなど、幅広い活動へと展開をみせている。地域の公益を高める「新たな公」を担う主体としても期待される。

中山間地域では「集落営農」が母体となり、農業そのものだけでなく、六次産業化や都市・農村交流を通して、地域活動を深めつつある。進んだ地区では「集落法人」と「地域自治組織」の両方をあわせもち、地域の「産業」と「自治」を住民主体で動かしてきた。前者では農地の共同管理や生産物の販売、後者ではまちづくりの機能を担うなどの取り組みがみられる。

本章では、こうした産業おこしと密接に関わる地域自治組織の成り立ちと現状について、広島県安芸高田市《あきたかた》の川根振興協議会（以下、適宜「協議会」と略）の事例からみていくことにする。おそらく全国で最も古い地域自治組織であり、先駆的モデルを築いてきた。「農村型コミュニティ」の代表的存在であろう。

高齢化率は四割に近く、人もまばらな山奥深い集落で、交通面や福祉面での地域問題を解決するためにユニークな策がとられてきた。相互扶助の仕組みを築きつつ、収入を確保するために産業を立ち上げながら、「自立」の新たな形を整えてきたのであった。

1　地域自治組織の先進事例——広島県安芸高田市高宮町「川根振興協議会」

安芸高田市は広島県の中北部に位置し、北は島根県邑南町、南は広島市や東広島市と接している。面積は五三八・一七平方キロメートル。人口は三万一四八七人（二〇一〇年国勢調査）で、二〇年間で人口は約五〇〇〇人減少、高齢化率は三五・二％となっており、広島県のなかでは人口減少、高齢化が最も進行している地域の一つである。二〇〇四年三月一日に、旧高田郡六町（吉田町、八千代町、美土里町、高宮町、甲田町、向原町）が合併し、安芸高田市が誕生した。

(1)　安芸高田市の住民自治活動

旧高宮町川根地区の地域自治組織「川根振興協議会」は、全国に先駆け、住民によるまちづくりを進めてきた存在として知られる。一九七〇年代から活動を始めた川根地区振興協議会の動きが、近隣に飛び火し、旧高宮町には七〇〜八〇年代にかけて八つの地域自治組織が立ち上がった。そして、平成の市町村合併をきっかけに安芸高田市全域に地域自治組織が波及し、現在、同市では市全域で三二組織が設置され、旧町単位の六つの連合組織も配置されている。安芸高田市では地域自治組織のことを「地域振興組織」と呼び、住民と行政の対話を基礎とした協働のまちづくりを推進、「自らの地域は自らの手で」をモットーに活動している。

安芸高田市の地域振興組織はそれぞれ五〇戸から二〇〇戸程度で構成され、区域としては集落を基盤とし、大字単位や小学校区単位で設置されている。おおむね、昭和二〇年代末から三〇年代にかけて実施された「昭和の大合併」以前の地域の枠組みに沿っている。区域内の全住民と全コミュニティ団体が組織の構成員である。また、市から六連合組織に対して、活動支援助成として年一八〇〇万円、事業支援助成として年二四〇〇万円の財政支援がなされている。さらに行政との対話の場を共有するために、旧六町単位の「支所別懇談会」、地域振興組織単位の「自治懇談会」、女性会等の団体を単位とする「団体懇談会」が設けられ、行政との役割分担などについて語り合う場を築いてきた。

安芸高田市の地域振興組織の活動は、今では全市をあげての取り組みとなっているが、そのきっかけを作ったのが「川根振興協議会」であった。

(2) 川根振興協議会の取り組み

安芸高田市の最北部に位置する川根地区は一九の集落から構成されている。地区人口は五七〇人、二四七世帯、高齢化率は四六・二%にまで及んでいる(二〇〇九年三月時点)。なお七五歳以上の人口は二一〇人(三六・八%)であり、まさに中国山地を代表する超高齢地域といえよう。戦後すぐの一九四六年には人口二一九八人(四一〇世帯)を数えていたことから、この六〇年余りで人口が四分の一にまで減ったことがわかる。

明治以来この地区は川根村と呼ばれていたが、昭和の大合併(一九五六年)で川根、来原、船佐の三村が合併し高田郡高宮町となり、先に述べたように二〇〇四年三月に高田郡の六町が合併し安芸高田市となった。川根地区にはもともと中学校と高校があったが、今では全校生徒二六人の川根小学校一校のみとなっている。

「明るい地域づくり」を目指して

人口が都市部へ流れていっていた一九七二年、川根地区は未曾有の大洪水により大きな被害を受けた。これにより過疎化が加速することとなった。

だが、地区存続の危機に面して有志が立ち上がり、同年に「川根振興協議会」が設立されることになる。住み続けていくために、地域の将来を自分たちの力で切り拓いていくこと、住民の連帯によって地域の発展を推進していくことが設置の目的とされた。七二年二月に施行された会の規約では以下のことが明言されている。

●会員相互の連帯により、地域の発展と活性化を図り、民主的な明るい地域づくりを目的とする（規約第三条）。

●本会は、前条の目的を達成するため、次の事業を行う（同第四条）。

一　生活基盤の確立
二　地理的・社会的環境の整備
三　住民福祉の増進
四　郷土芸能の保存と伝承
五　生活改善
六　農・林・水・畜産及び特産物の開発振興
七　地域開発
八　青少年の健全育成
九　スポーツ活動の振興

一〇　その他目的達成に関すること。

●本会は、川根地区住民全員を会員とする（同第五条）。

地域住民の全員参加、そして生活や福祉面から産業振興、地域開発、文化に至るまで、広く地域を活性化するためのさまざまな取り組みを住民が主体的に担っていくことが明示されている。そしてこの規約で謳われている基本的な精神は、のちに安芸高田市の地域振興組織全般で共有されていくことになる。今から四〇年も前に、地域社会の将来を見据え、住民自治の組織を立ち上げたことはきわめて先駆的というべきであろう。過疎化が社会問題としてクローズアップされるなかで、川根地区では地元のリーダーたちが知恵を結集し、行動に移していくことになったのである。

部会制の設置、交流拠点の展開

川根振興協議会の最大の特徴は、部会制を設け、事業計画の推進に関して、自分たちでできることは行政に頼らず進めていることであろう。**図1-1**にあるように、部会は総務部、農林水畜産部、教育部、文化部、女性部、ふれあい部、体育部、開発部の八部門から構成されている。全国でもこのような住民による地域自治組織の前例がないなかで、こうした部会制を組織化し、住民一人ひとりの役割を明確にしたことは、ローカルガバナンスの点からも特筆すべきことである。川根振興協議会の部会制は、全国の地域自治組織の原型となったともいえる。

そして、協議会の活動拠点は、「エコミュージアム川根」という施設である。これは一九九二年、当時国が市町村に一律一億円を交付した「ふるさと創生事業」を利用して、旧川根中学校廃校舎をリフォームし、宿泊

図1－1　川根振興協議会の組織図

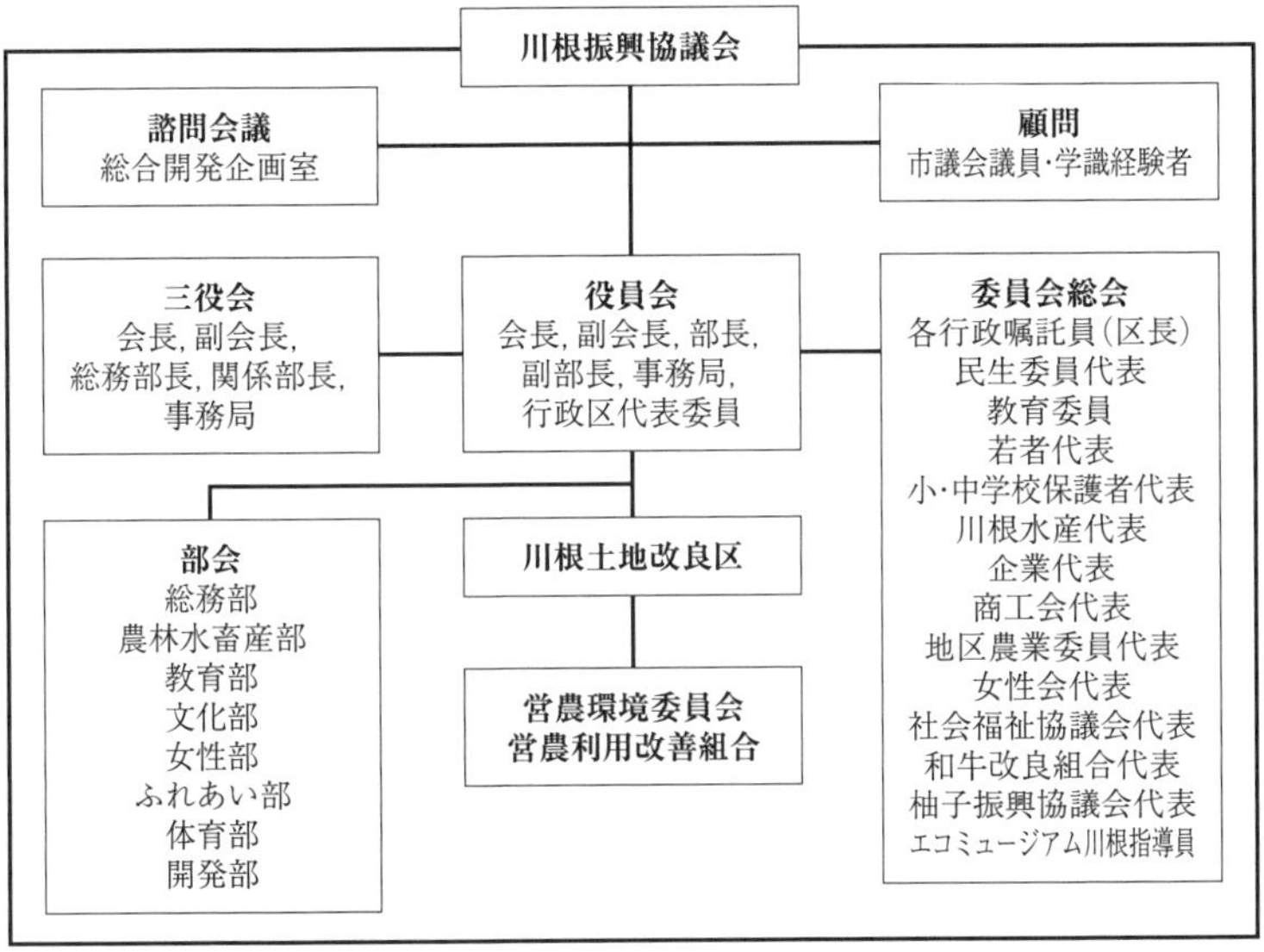

施設やレストランを備えた交流施設として開設されたものである。

当初、旧高宮町役場は、歴史のある川根中学校の建造物をそのまま活かして、交流施設とする案を提案してきた。しかし住民たちの考えは違った。古いものを活かすのではなく、新しいものを作って、それを拠点に将来への夢を広げていきたいとの思いから、自分たちでプランを練っていったのであった。現在では、女性たちが中心となりレストランや民宿の運営にあたり、年間四〇〇〇人以上が利用する。

二〇〇六年からは協議会が市の指定管理者となり（二〇〇三年施行の指定管理者制度により、それまで自治体やその外郭団体に限定されていた公共施設の管理・運営を民間やＮＰＯ法人などが代行できるようになった）、「エコミュージアム川根」を拠点とした交流事業をより本格化させていく。「親子エコ教育」や「ほたるまつり in 川根」などのイベントを催し、後者では五〇〇〇人の集客も得ている。その際、訪れた人びとに農家に立ち寄ってもらい田舎料理を提供する「農家の庭先味めぐり」などもあわせて実施している。住民の創意工夫で、積極的にユニークな交流活動が展開されているのである。

しかも川根地区では、次に述べるように道路の設計や福祉事業、簡易スーパーやガソリンスタンドの運営など、公共性が高く雇用創出につながる事業も住民の手で実施されている。現会長の辻駒《つじこま》健二氏（一九四四年生まれ）は、「行政だけで地域を動かすことはできない。住民が頭を使って考えないとダメ。川根のような中山間地域に、七〇代の人を雇用する企業が来てくれる可能性は非常に低い。だから、自分たちで雇用の場を作っている」と語る。

(3) スーパー、ガソリンスタンド、デマンドバスの自主運営

高齢化が進み人口が激減するなかで、地方では人びとの生活を維持するための基盤も揺らぎつつあった。平成の市町村合併を前後して、多くの農山村では農協の事業撤退が相次いでいった。川根地区も例にもれず、二〇〇〇年に農協が運営していたスーパーマーケットとガソリンスタンド（併設店舗）が閉店となった。単にひとつの店舗がなくなったのではない。地域で唯一の店舗がなくなったのであった。

撤退事業・公共サービスを自分たちで引き受ける

地区唯一の店舗がなくなったことで、住民の間に一気に危機意識が高まっていく。「農協は一町一ＪＡの原則を保つべき」「住民を見捨てるのか」という意見が多数出た。しかし、全国的にも農協の撤退が相次ぐなか、その方向性を一地区の声で変えることは至難の業であった。そこで川根の住民たちは「ならば自分たちでやろ

万屋（奥）と油屋

う」と立ち上がった。地区の全二四〇戸が一〇〇〇円ずつ出資し、約二四万円を集めた。振興協議会会長の辻駒氏らはまず、これを元手に店舗とガソリンスタンドを自主運営していこうと考えたのである。

他方、住民からは「最初は一〇〇〇円だったが、そのうち赤字補てんするために増資となるのではないか」という不安の声も聞かれた。しかし、辻駒氏は「赤字にはしない。地区のみなが利用すれば赤字にならない」と、全住民の協働で運営していこうという意思を鼓舞していく。あえて全戸出資・加入とし、「相互扶助」の形を採り入れたのは、この「全員運営」の方針に基づくものであった。

こうして旧農協の店舗で、住民運営のスーパー「ふれあいマーケット」とガソリンスタンド「ふれあいスタンド」がオープンした。その後、二〇〇四年に、河川改修工事に伴い元の場所から一〇〇メートル離れたところに移転することとなり、移転補償金で新店舗を建設した。こうしてスーパーマーケットは万屋《よろずや》、ガソリンスタンドは油屋《あぶらや》という名称で再スタートを切った。

地区の防災センターとしての機能も備え、防火水槽も設置した。さらに、このエリアには後にゆず加工施設や郵便局も集約させ、農山村の歴史的景観を活かしつつ、地区の産業・サービス機能の集約化も進められていくことになる。

当初、万屋の運営は地区内の建設会社に委託し、豆腐一丁で電話一本で配達するなどきめ細かなサービスを実施していたが、不況のあおりもあって建設会社が倒産。その後、「万屋・油屋運営協会」を設置し、地区住民による自主運営が行われている。地域のお年寄りたちからは、以前の「豆腐一丁でも電話一本で配達」のようなサービスを再開してほしいという声があがっているが、現状はそこまでの余裕もない。

交通に関しては画期的な進展があった。二〇〇九年から、地域の公共交通バス「かわねもやい便」の運行がスタートしたのである。それまでは地区内に公共交通の便がなく、お年寄りは病院などへ行くにも高いタクシー代を払っていた。足が悪くて病院に通っているのに、長い距離を歩く人もいた。誰もが気軽に、目的に応じて利用できるデマンドバスの運行は、地域住民の総意だった。事業化にあたっては安芸高田市から年間六〇〇万円の委託を受け、通学や通院をはじめ、市中心部への運行など、個々の利用者のニーズに応じた柔軟な運行を実施している。運転手は専属者が一人、ほかパートタイマーとして住民十三人が登録している。協議会全体で、マイクロバス一台、八人乗りワンボックス一台、介護車両一台を備え、山間部の集落にまで送迎サービスをするなど、地域の実情に合わせた形で運営されている。

また、川根地区では福祉事業の一環として、お年寄りがデイサービス事業を地域内で受けられる仕組みも整えてきた。安芸高田市内の特養老人ホームに出張対応を依頼し、「サテライト型デイサービス」を地区内の公民館で提供している。お年寄りの送迎にはデマンドバス「かわねもやい便」が活躍している。

スーパーとガソリンスタンドの運営から、デマンドバスの運行、デイサービスの実施まで、川根地区では地域自治組織を拠点に、住民たち自らが公共サービスを担っている。各種事業の撤退や高齢化といった外的・内的問題をひとつずつ解決していった結果、組織の事業多様化と範囲の拡大がみられるようになったといえる。

「一人一日一円募金」「お好み住宅」などの創意工夫

川根地区ではこうした活動を支えるために、住民たちが「一人一日一円募金」を実施していることも興味深い。竹筒の貯金箱が地区内の全戸と「万屋」に設置されており、住民は可能な範囲で、一日一円以上を自宅か「万屋」の竹筒に入れる。一九九三年から始まり、すでに二〇年以上続いている。集まった募金は高齢者の自宅訪問サービスに充てられている。当初は年間二〇万円ほど集まっていたが、人口減などに伴い、現在は一〇万円ほどに減少した。しかし額よりも、この「一人一日一円募金」は、全住民が参加することで負担を分け合いながら福祉活動を支えるという意識や、一人ひとりが地域の一員であるという意識を高めるのに役立っている。つまり福祉財源としてだけでなく、連帯の意識を強めることにつながっているのである。

また、高齢化率が五〇％に迫るなか、若い担い手を確保するために「お好み住宅」という定住住宅の仕組みも開発した。地域活動への参加や、義務教育修了前の子どもがいることを条件に募集し、二〇〇八年度末に二三戸が完成、現在では約七〇人が入居している。

この「お好み住宅」、家賃は月三万円で、二〇年住み続けると所有権を得られる仕組みである。継続居住を強制することはなく、住み続けるかどうかは「お好み」でというわけだ。このユニークな取り組みについても、当初、行政の理解はなかなか得られなかったが、協議会が中心となって計画を推進していった。「お好み住宅」によってUターン・Iターンが増加し、子どもの数も増えたことにより、川根地区には活気が戻りつつある。全校生徒二六人の川根小学校が存続できるのも、こうした新たな住民によるところが大きい。多くの中山間地域では、人口減・少子高齢化によって小中学校が廃校になっており、新住民たちにとっても地域内に小学校がある川根地区は魅力的だったようである。

なお、協議会の歴代の会長は、一代目が寺の住職、二代目が郵便局長、三代目が小学校校長。一九九二年に四代目に就任した現会長の辻駒氏は、自身もUターン組で元トラック運転手である。中山間地域のリーダー像の変容の一端がうかがえよう。

このように川根地区では、住民たちがさまざまな創意工夫で、公共性の高い事業に独自の取り組みを重ねてきたのであった。

地域資源を活用した六次産業化

川根地区では六次産業化の取り組みも成果をあげつつある。一九七二年に協議会が設立されて一〇年後の八二年に早くも「川根柚子振興協議会」が立ち上げられた。旧高宮町のなかでも最も農地面積が小さい川根地区は、炭焼きや牛の肥育で生計を立ててきた農家が多かった。しかし川根振興協議会の発足を機に、地域の特産品開発の機運が高まり、当時あまり一般に普及していなかったゆず果汁の加工に着手するようになった。「川根柚子振興協議会」は八二年の発足時から二〇一〇年まで、藤澤春義氏を会長として、川根ゆずの特産品化に取り組んできた。

二〇〇三年の土地改良区整備の際に補助金で苗を購入し、各農家に配布し植樹した。現在、ゆず農家は五三戸にまで増え、約二〇〇〇本のゆずの木を管理している。さらに最近になって植樹した木が二五〇〇本ほどある。加工施設は当初、高校の廃校舎を利用していたが、二〇〇四年に「万屋」「油屋」と同じエリアに移転し、設備も一新された。

一本のゆずの木から、多い年は一〇〇キロの収穫があがることもあるが、平均すると年に一五キロほどであり、二〇〇〇本で約三万トンの実がとれる。実は採取してすぐに搾汁機にかけ、とれた果汁は冷凍する。加工品の種類は多く、ゆずジュース、ゆずポン酢、ゆず茶、ゆず味噌、ゆずジャム、ゆずゼリー、ゆず羊羹など一六品目が作られている。売れ筋のゆずジュースは年間一五~六万本製造し、二〇〇九年の売上は約二五〇〇万円であった。

従業員は一一人で、内訳は加工部三人、菓子担当二人、生産管理五人、会計一人となっている。ゆずの実は柚子振興協議会が会員のゆず農家から一キロ当たり一〇〇円で買い取っており、会員には年二〇〇〇円のみ出資をしてもらっている。主な販売先は安芸高田市の道の駅や農産物直売所、また近接する北広島町や島根県邑南町の道の駅、広島市で広島県商工会連合会が運営するアンテナショップ「夢ぷらざ」などである。いまや中国地方で「川根ゆず」はブランドとして広く認知されつつある。

柚子振興協議会の利益は現在、年間三〇〇万円程度であるが、各農家でゆずの木の管理が行き届いていないことが最大の課題である。会員が高齢のため管理ができなくなった場合などに、協議会が委託管理を引き受けていくことも提起されている。現会長の熊高昌三氏は「高齢農家に負担をかけず、しかし生産量を拡大させながら管理していきたい」と語っていた。

(4) 自主自立の地域社会モデル

高齢化率が四割近く、限界集落も抱える川根地区。四〇年前、人口流出が際立っていく時代に、先駆的に地域自治組織を設置し、行政に依存しないまちづくりや産業おこしを進めてきた。部会制を導入し、整然とした

表1－1　川根振興協議会の歩み

年	事　項
1972年	川根振興協議会　設立
1989年	川根地域総合開発構想策定
1991年	川根将来構想「川根夢ろまん宣言」作成
1992年	交流拠点施設「エコミュージアム川根」完成
1993年	地域福祉活動「一人一日一円募金」開始
〃	自然環境保護・地域活性化事業「ほたるまつりin川根」開始
1994年	文化伝承・異世代交流事業「せいりゅうまつり」開始
1998年	川根全域の農地保全を目的とする「川根農地を守る会」設置
1999年	「お好み住宅」入居開始
2000年	農協撤退を受け「ふれあいマーケット」「ふれあいスタンド」運営開始
2003年	サテライト型デイサービス開始
〃	川根土地改良区設立，基盤整備着工
2004年	支えあう地域福祉活動「おたがいさまネットワーク」設立
2005年	小学生と一人暮らし高齢者との交流「まごころメール」開始
2006年	放課後児童クラブ開始
2007年	高齢者ふれあいサロン開始
2008年	「農事組合法人かわね」設立
2009年	新公共交通システム「かわねもやい便」運行開始

出所：川根振興協議会資料より

組織体制を築き、住民一人ひとりが組織の構成員として、全員参加の地域自治を形づくってきた。部会制によって部門ごとの目標が明確になり、住民はサービスの受け手になるだけで終わらず、誰もが「自らがコトを起こす」という自主自立の意識を持って参加している。その成果は**表1－1**にあるように、設立以来重ねられてきた取り組みをみると明らかである。

農協の撤退に伴って開始されたスーパー「万屋」とガソリンスタンド「油屋」、地域の足として活躍するデマンドバス「かわねもやい便」、地区内での高齢者デイサービスの実施など、行政に依存しない住民が自主的に築いた相互扶助の仕組みが、川根地区の生活基盤を構成している。

こうした公共サービスや福祉事業を支

川根地区では住民が集まる機会が多い

えるためには、所得を安定的・継続的に獲得することも欠かせない。そこで地域資源のゆずの生産を拡大し、加工・販売まで手がける六次産業化も積極的に進めてきた。人口の半分を占める高齢者が、生涯にわたり働きがいを得られることを目標に据え、身の丈にあったビジネスが展開されてきた。

こうした取り組みは、互いの顔がみえる範囲の小規模な地域だからこそできることなのかもしれない。地縁をベースにしたコミュニティでは、人びとの意識の基層に信頼関係があり、自治や相互扶助に向けた合意形成がしやすいと思われる。しかし、U・Iターンの新しい世代も参入し、今ではオープンな地域コミュニティとしての特質も有するようになっている。時には行政との対立もみられたようであるが、それは川根振興協議会が住民参加の取り組みを踏まえて政策志向を深めてきたことの証しともいえる。条件不利に立ち向かい、住民主体で新しい「むら」の形を模索してきた。川根地区は「自主自立」の地域社会の先駆的モデルであろう。

2　全国で増加する地域自治組織

中国山地だけでなく、日本の地方全域で、地域課題を住民が自主的に解決する機能を担う「地域自治組織」への期待が高まっている。全国で最も早く立ち上がり、ひとつのモデルを形成したのは「川根振興協議会」であるが、その他の地域ではどのような状況であろうか。

二〇一〇年度に財団法人地域活性化センターが「『地域自治組織』の現状と課題～住民主体のまちづくり～」というテーマで全国調査を実施している。本節では、そのアンケート調査結果から得られる含意について考えてみたい。

(1)　市区町村へのアンケート調査から

地域活性化センターでは、二〇一〇年一一月に全国の全一七五〇市区町村を対象に、住民自治組織の設置状況や活動内容についてアンケート調査（回答数一一四九、回収率六五・六％）を実施した。以下、その調査結果の詳細をみていこう。

住民自治組織の設置状況

一般に、住民運営の自治組織は大きく三つに分けられる。町内会を基盤とした「自治会」、市町村合併により組織された「合併特例区」、そして規模・範囲としてはこれらの中間の「地域自治組織」である。

表1－2　全国の住民自治の組織と設置単位

住民自治組織の形態	全体（市区町村）	設置単位				
		小学校区より小さい集落	小学校区	中学校区	旧町村	その他
A：自治会や町内会等	1,106	90.2%	9.3%	1.4%	5.2%	4.8%
B：地域協議会や合併特例区等	23	0.0%	4.3%	4.3%	91.3%	8.7%
C：地域自治組織	108	10.2%	57.4%	10.2%	25.0%	20.4%

注：回答数1149，複数回答。
出所：財団法人地域活性化センター『「地域自治組織」の現状と課題～住民主体のまちづくり～調査研究報告書』（2011年）より作成

アンケートでは、右の三つをA～Cとして設立状況を尋ねており、その結果は次の通りである。

A…自治会や町内会、それらの連合会など従来からの地縁組織（以下、自治会等）一一〇六団体（回答市区の九四・八％、同町村の九七・八％）

B…地方自治法又は合併特例法による地域自治区の地域協議会や合併特例区の合併特例区協議会（以下、合併特例区等）二三団体（回答市区の三・五％、同町村の〇・四％）、

C…A、B以外の住民自治組織（地域自治組織）（以下、地域自治組織）一〇八団体（回答市区の一四・八％、同町村の三・六％）

この結果から、地縁を基盤とした自治会が圧倒的に多いことがわかる。さらに、右のA～Cの回答別に、設置単位に着目してみると、「A自治会等」のうち九〇・二％が「小学校区より小さい集落」、「B合併特例区等」では九一・三％が「旧町村単位」と回答しており、地域単位と組織の性格がマッチしていることが明確に表れている。一方、「C地域自治組織」で最も多かったのは「小学校区単位」で五七・四％、次いで「旧町村単位」が二五・〇％であった。地域自治組織は複数の集落や自

表1－3　地域自治組織はどのような組織か

回　答	%
既存の地縁組織が統廃合され，規模が大きくなった地縁組織	13.9%
住民の意見を集約する市町村の諮問機関	21.3%
今まで行政機関が行っていたサービスのうちの一部を行政に代わって行う組織	43.5%
これまで活動団体ごとに交付していた交付金・補助金を一本化し，その交付先となる組織	28.7%
その他	60.2%

注：回答数108，複数回答。
出所：表1－2と同じ

治会をまとめた組織であることがうかがえる。この点は川根地区も同様である。

地域自治組織の実態

アンケートでは続いて、「C　地域自治組織」を設置している一〇八団体に、組織がどのような機能を担っているかについて聞いている。最も多かったのは、「今まで行政機関が行っていたサービスのうちの一部を行政に代わって行う組織」で四三・五%、次いで「これまで活動団体ごとに交付していた交付金・補助金を一本化し、その交付先となる組織」が二八・七%であり、行政の代行機能が主であるようにみえる。ただ、回答の選択肢が少ないので、例えば産業や福祉面でどのようなアプローチを行っているかなど、具体的な活動についてはうかがい知ることはできない。しかし「その他」と答えた六五団体の回答にも着目しつつ考えてみると、地域自治組織のイメージは、①地域課題を自主的に解決する組織、②まちづくりや地域づくりにより地域活性化に取り組む組織、③行政と協働の相手方である組織という三つに大別できるようである[1]。

「地域自治組織」は、自主自立を確立している自治組織から、行政の代行組織まで多様なイメージで捉えられている。また、産業化や福祉サービスなどを含め、地域活性化にかなり踏み込んで活動している組織がどれほどあるのかなど、実態はまだ把握しきれていない。地域自治組織の機能を論じるには、より長期の観察や詳細な分析が必要となるだろう。

では、地域自治組織はいつごろから普及してきたのだろうか。設置年度に関するアンケートをみると、二〇〇五～〇九年度に集中している。これは二〇〇五年前後にピークを迎えた市町村合併と深く関係する。合併で自治体の範囲が広域化したのに伴い、旧町村役場の支所や学校、病院、農協運営の店舗やガソリンスタンドが閉鎖され、地域の生活基盤が失われたことで、地域コミュニティの担い手として地域自治組織が一気に設立されていったのである。

したがって、地域自治組織は最近五年ほどの間に、まさしく雨後の筍のように立ち上がっている状態といえよう。いまやこの傾向はますます強まり、中山間の条件不利地域から地方都市にまで広がりをみせはじめている。

表1－4　地域自治組織の設置年度

年　度	団体数
～1979年度	17
1980～89年度	9
1990～99年度	5
2000～04年度	16
2005～09年度	47
2010年度～	6

注：回答数108件。
出所：表1－2と同じ

地域自治組織の収入

地域自治組織の収入には、市町村からの交付金と自主収入の二つがある。担当市町村へのアンケート（回答六五団体）によると、一組織当たりの年間総事業費の平均は六八九万円であり、そのうち六九・六％が市町村からの交付金・補助金、一三・五％が会費つまり自主収入となっている。

また、市町村の公共施設の指定管理者として収入を得ている組織は、全体の三六・一％と四割近くに及んでいる。さらに、市町村からの交付金・補助金で、事業目的を限定されない一括交付金を受けている組織は四八・

一％と、全体の約半数を占めている（いずれも回答一〇八団体）。

「一括交付金による事業内容」（回答五二団体）で多かったのは、「こどもの見守り・防犯の見回り・高齢者の見回り」七八・八％、「敬老関係事業」七一・二％、「広報誌等資料の配布」六七・三％であり、ほかに「公共施設の管理・運営」一一・五％、「道路・水路の軽微な修理・修繕」一七・三％などとなっている。

この調査結果から、地域自治組織が自治体との相互補完関係を高めつつあることが浮き彫りになっている。収入増と活動拠点の獲得を目的に、指定管理者の認定を受ける組織も増えているようである。

いまのところ、収入に応じて可能な範囲で公共施設の管理や福祉サービスを行うケースが多いようであるが、川根振興協議会のように産業分野に踏み込む組織も現れ始めた。例えば島根県雲南市の「槻之屋ヒーリング」は、道の駅の運営を指定管理者制度で受託している[2]。道の駅は地域資源を外部に発信する施設であり、管理運営には創意工夫が求められる。地域自治組織で運営する場合、住民がさまざまなアイデアを出し合い試行錯誤していくことになるが、それは自立への大きな一歩となるであろう。道の駅を窓口として、他地域の人びとと交流を深めるきっかけにもなっていく。今後、地域自治組織がこうした産業分野に進出するケースが増えていくことが予想される。

(2) 撤退事業・公共サービスの担い手として

中山間地域では、農協が運営するスーパーマーケットとガソリンスタンドが人びとの生活を支える重要なインフラとなっている。しかし先にみたように、市町村合併と並行して農協の事業撤退が相次ぎ、中山間の多くの農山村では日常の買い物ができないという危機的な状況が生じている。

農協支所の撤退、ひいては事業の撤退にどう対応するか――それによって地域の明暗が分かれるといっても過言ではない。しかし実際には、「仕方がない」と諦める地域の方が多いのが現状である。だが前述のように、川根地区は自分たちで引き受けた。川根の事例は、「撤退事業を地域で引き受ける」という課題について多くのことを教えてくれる。

高知県四万十市旧西土佐村の例

一方、地域自治組織は存在しないが、地元住民が株式会社を立ち上げ、農協撤退後に事業を引き継いだケースもある。高知県四万十市の旧西土佐村にある株式会社大宮産業である。[3]

高知県と愛媛県の県境に位置する旧西土佐村の大宮地区は、三つの集落から構成されている。一九七〇年代には人口六〇〇人を数えていたが、現在では人口およそ二九〇数人、高齢化率は四六％に達し、独居老人が多い地区となっている。保育所が二〇〇九年に閉鎖され、小学校も二〇一一年三月に廃校となった。最も活気のあった七〇年代には、地区内に飲食店を含む商店が一五軒、旅館が二軒あった。それが現在では、日用品を扱う大宮産業以外に、酒屋二軒、自動車修理業とタイヤ店各一軒の計四軒しかなく、飲食店は皆無である。

農協支所の撤退は二〇〇六年五月一〇日。大宮産業はその翌日に農協の事業を引き継ぐ形で株式会社として登記、一三日に開店している。農協撤退から三日後というスピードであった。地域で唯一、食品や日用品を扱う店舗がなくなることに住民たちは大きな危機を感じ、撤退の話が出るやただちにみなで対応策を検討した。その結果、自主運営が合意され、株式会社を設立するに至ったのである。地区一三五戸のうちから一〇八人が参加を表明、一口一万円以上の出資を募り、資本金七〇〇万円でスタートさせている。

役員は計七人（取締役五人、監査二人）で、職員は男女一人ずつ、パートタイマーとして勤務している。事業は食品・日用品や農業資材の販売、ガソリンスタンドの運営、自主生産米「大宮米」の製造・販売である。年間売上は五六〇〇万円で、設立以来、黒字を計上している。米の販売を伸ばしたことで、農協時代の売上を突破したことは注目に値する。品揃えについては客からの要望に応じることも多い。週に一度の無料配達も実施している。

大宮産業の社長で、地区を引っ張ってきたリーダーの一人でもある竹葉《たけば》傳《つたえ》氏（一九四四年生まれ）は、元農協の職員であった。大宮地区を次世代につなげていくために、住民たちの合意形成に尽力し、アイデアを着実に実行に移してきた。

事業が安定化してきた今、竹葉氏は、次なる課題は二つと見定めているようであった。ひとつは冠婚葬祭事業の自主運営である。もうひとつは、都市在住の地区出身者を対象に、地域情報紙『大宮通信』を発行し、農産物などの外販につなげたい構えであった。大宮地区では、住民の生活や産業を支える仕組みを自主的に立ち上げ、それをひとつの地域事業体としているのであった。

「地域店舗」の自主再生

高知県では大宮産業のほかにも、県中西部にある津野町床鍋《とこなべ》集落の事例も興味深い。人口一〇五人、世帯数三八戸、高齢化率四八・五％（二〇一〇年）の床鍋集落では、小学校の廃校舎を利用し、二〇〇三年に地域店舗「森の巣箱」をオープンさせた。一階は集落コンビニと食堂で、夜は居酒屋となる。二階は宿泊施設となっている[4]。

床鍋集落では、この「森の巣箱」の立ち上げプロセスにおいて、住民の意識が変化していった。住民たちのアイデンティティの象徴である小学校が廃校となり、地域が衰退するなかで意気消沈していた人びとが、「森の巣箱」の設立に関わることで、「最後までここに住んでよかったと思える集落づくり」に希望を見出し、力を結集させていったのである。

交通不便な中山間地域では、自動車免許を持たない、あるいは高齢のために運転ができなくなったお年寄りが「買い物弱者」になってしまうケースも多い。歩いていける距離に店舗があるのとないのとでは地域の社会的機能に大きな差が出る。すぐ近くで日常の買い物ができるだけでなく、店舗に行けば知り合いや話し相手に会えるという安心感も非常に大きく、一人暮らしの高齢者の孤立化を防ぐことにもつながる。

大宮産業や「森の巣箱」は、農協などの撤退事業を住民が自主的に引き受け、新しい価値を盛り込みながら事業をさらに展開させて、「地域店舗」として再生していく取り組みといえる。その際、運営主体は地域自治組織、株式会社など、地域の実情に合わせて多様でありうるだろう。とりわけ中山間地域では、こうした「地域店舗」の持つ意味はきわめて大きい(5)。

3　地域コミュニティの新たなかたち

各地の地域自治組織の活動が厚みを増すにつれ、行政サービスの一部を担うだけでなく、川根振興協議会のように自ら産業おこしに向かっていくケースも多くなっていくであろう。例えば、次章でみる東広島市小田地区では、集落営農法人と地域自治組織の機能をあわせもつ組織が、農産物直売所や加工場、レストランなどの女性起業による運営や、ブランド米の生産・販売に踏み出している。また診療所が撤退してしまい、住民が医療サービスを受けられなくなったため、小学校の廃校舎をリフォームし、隣町から医師に出張してもらい、診療所を再開させてもいる。

川根地区や小田地区のように、「自治の自立」（行政の一端を担う要素）と「産業化による自立」（六次産業化や集落法人など）の両輪で活動している地域は、際立って「自立」の意識が高いように見受けられる。

長年にわたって川根振興協議会を調査してきた小田切徳美氏も、住民が高い当事者意識をもち、力をあわせ、手作りで地域の未来を切り拓いていく農村型コミュニティの先進事例として川根地区を高く評価している。小田切氏は行政用語めいた「地域自治組織」という言葉を用いずに、川根のようなケースを「手作り自治区」と呼んでいる。(6) たしかに、協議会会長の辻駒氏のお話をうかがっていると、川根の人びとがまさしく「手作り」で地域を運営し、新たな価値と可能性を見出していったことが実感できる。

今後、「地域自治組織」は農山村の地域コミュニティの新たな形態として台頭してくるであろう。そうなれば、農村型コミュニティはもはや閉ざされた「むら」や「集落」といった前近代的なイメージで捉えられるものではなくなるはずである。実際に各地の地域自治組織は、「共同体的な一体意識」を保持し、地域に深く根差しながらも、外部にも開かれたオープンな性質を帯びて再生しつつある。地域店舗の運営や地域資源を活用した六次産業化を通して、経済活動においても自主的な取り組みを創出しつつある。しかもそうした経済活動が、道の駅や農産物直売所という場を媒介に、都市と農山村の新たな関係性を築き始めてもいる。

近年、「小さな政府」や民営化といった政策的背景のもとで、「選択と集中」を旨とする自治体政策が推進され、従来は自治体が担ってきた交通や福祉などの公共サービスが財政難や不採算性を理由に切り捨てられるケースが増えてきた。そうしたなかで、川根振興協議会や、次章でみる出雲市の「グリーンワーク」の事例では集落営農を母体とした有限会社が、市の指定管理者として交通や福祉の機能を担っており、住民自らが地域経営を行うという点で多くの示唆を与えてくれる。また、コスト面だけにとらわれた発想では、豊かな地域経営は実現しない。実際、地域自治組織という名のもとに、会員が地域の最低賃金以下の手当で事業に従事しているといった実態もある。「地域自治組織の自立」を支援するという発想が求められよう。

超高齢社会の先端ともいえる中山間地域の現場で、目をみはるような自主・自立の動きが芽生えつつある。住民の発意と創意工夫で、「最後までここに住んでよかったと思える地域づくり」が進められている。日本の地域社会は今後、条件不利地域から生まれた創造的で自立的な営みをモデルとして、大きく変わっていくのではないだろうか。

（1）財団法人地域活性化センター『「地域自治組織」の現状と課題～住民主体のまちづくり～調査研究報告書』二〇一一年、四六頁より。

（2）一九九八年に設立された島根県雲南市「槻之屋ヒーリング」は、農事組合法人だが地域自治組織としての機能も担っている。二〇一一年に新たにＮＰＯ法人を立ち上げ、指定管理者として道の駅の運営を受託することとなった。詳しくは、関満博「島根県雲南市／究極の中国山地型集落営農」（関満博・松永桂子編『集落営農／農山村の未来を拓く』新評論、二〇一一年）を参照。

（3）大宮産業の詳細については、関満博『地域産業の「現場」を行く第４集』新評論、二〇一一年を参照されたい。

（4）「森の巣箱」について詳しくは、畦地和也「高知県津野町／コンビニ、居酒屋、宿泊施設となった学校」（関満博・松永桂子編『「村」の集落ビジネス――中山間地域の「自立」と「産業化」』新評論、二〇一〇年）を参照。当書では、ほかにも遊休資源を再生させた各地の取り組みを紹介している。

（5）個人商店や農協の事業撤退への対応策として農山村に増えつつある「地域共同売店」の存立条件については、山浦陽一「地域共同店の実態と持続可能性」（小田切徳美編著『農山村再生の実践』農山漁村文化協会、二〇一一年）が詳しい。

（6）小田切編著、前掲書を参照。

第2章

「集落営農」にみる地域ビジネスと地域扶助

長期的な人口減少と高齢化に直面し、農山村や中山間地域では、さまざまな形で「自立」への道が模索されてきた。

六〇歳代から七〇歳代の高齢者たちが中心となり、地域持続のための方法を確立しつつある。地域の生産活動が縮小するなか、互いに支え合う「扶助」のかたちを創造しようとしている。

集落や地区を基盤にした地域自立への動きは、大きく二つに分けることができよう。ひとつは前章でみた「地域自治組織」に代表される「自治の自立」である。そして、もうひとつは「経済の自立」を目指す「集落営農」であろう。

地域自治組織と同じく、集落営農もまた中国地方から生まれたものである。集落で農地を集約化させながら、機械化により少ない従事者で作業できるようにし、農業生産性を高めようとする方法である。この集落営農が今、日本農業の小規模性・低生産性を大転換させるきっかけとなりつつある。農業は他の産業分野と比べ、政策的に保護されてきた長い歴史を持つ。だが、人口減少による食料需要の縮小、若い世代の担い手不足もあり、もはやこれまでの農業の形を維持していくには限界があった。こうした状況を受けて、農業のやり方を根本的に変えようという試みが「集落営農」である。小規模兼業農家が大半の中国山地に適した方法なのかもしれない。

全国で最初に集落営農に取り組んだのは、島根県津和野町の農事組合法人「おくがの村」とされている。(1) 集落営農の前身となる「集落後継者会」が組織されたのが一九七八年のことであった。その後、圃場《ほじょう》を整備しながら、現在では組合員一九戸で機械を共同利用し、高齢者も含め全員参加で農業に従事している。全員参加の形にこだわるのは、「高齢者を地域から排除しない」ためである。お年寄りも生涯をつうじて仕事を続け、「攻めの福祉、ＰＰＫ（ピンピンコロリ）」を理想としている。

近年は集落営農の形も多様化し、農業の共同化だけでなく、地域産品のブランド化、六次産業化、あるいは福祉事業や交通事業にまで展開する地域も現れている。集落営農の取り組みが、農業を基盤に、地域活性化や都市・農村交流へと幅広く展開していくにつれ、集落そのものが新たなコミュニティへと再生を遂げているようである。集落とは歴史の古い地域共同体であるが、新たな関係性を築く場となってきた。集落営農をきっかけに、人びとが地域での活動の幅を広げることで「社会的協同経営体」と呼ばれるまでになってきた。

本書では、まず集落営農がなぜこのような多様な形で波及してきたのか、その背景や要因を探っていく。そして中国地方の先進事例から、その可能性と課題を考察していきたい。

1 増える集落営農

全国的に、集落営農の数は加速傾向で増加している。

農林水産省の『集落営農実態調査結果』によると、二〇一一年時点の集落営農数は一万四六四三件であり、とくにこの数年、増加が著しい。

表2−1は、二〇〇五〜一一年の集落営農数の推移を表している。二〇〇五年の一万〇〇六三件から、この六年の間に四五八〇件（四五・五％）も増加したことになる。法人割合も、二〇〇五年には六・四％だったのが一五・九％にまで伸びた。集落営農数の増加とともに法人化が進んでいることがうかがえる。

都道府県別では宮城県（九一二件）、滋賀県（八九三件）、兵庫県（八二三件）、富山県（七六五件）、秋田県（七二九件）が上位五県である。ただし、農事組合法人や株式会社など法人化した件数に着目すると、新潟県（二七四件）に広島県（一九三件）が続き、島根県（一一六件）も上位に浮上する。法人化をきっかけにして、

表2－1　集落営農数の推移

	集落営農数	うち法人	法人割合（%）
2005年	10,063	646	6.4
2006年	10,481	842	8.0
2007年	12,095	1,233	10.2
2008年	13,062	1,596	12.2
2009年	13,436	1,802	13.4
2010年	13,577	2,038	15.0
2011年	14,643	2,332	15.9

注：2006年以前は5月1日現在，それ以降は2月1日現在の数値。
出所：農林水産省『集落営農実態調査結果』より作成

表2－2　地域別の集落営農数と法人数（上位10県）

	集落営農数		うち法人数	
1	宮城県	912	新潟県	274
2	滋賀県	893	広島県	193
3	兵庫県	823	富山県	191
4	富山県	765	大分県	150
5	秋田県	729	秋田県	133
6	新潟県	668	福井県	129
7	岩手県	658	島根県	116
8	佐賀県	647	山口県	108
9	広島県	617	宮城県	93
10	福岡県	609	滋賀県	93

出所：表2－1と同じ

米の耕作だけでなく、直販や加工、都市・農村交流活動などに向かっていく団体も少なくない。

振り返ると、農業は常に政策や制度に翻弄されてきた。小規模農家に支えられた日本農業は、産業としての競争力が脆弱であるという理由による。最近ではＴＰＰ（環太平洋戦略的経済連携協定）問題の浮上に伴い、農業の国際競争力強化、大規模化、経営効率化が叫ばれ、農政の介入がより強まった形での協業化や組織化が進行しつつある。

今後も経営規模の拡大に向けて、集落営農がそうした政策推進の軸となっていく可能性が高い。例えば、政府は二〇一一年一〇月に「我が国の食と農林漁業の再生のための基本方針・行動計画」を策定し、「平地で二〇~三〇ヘクタール、中山間地域で一〇~二〇ヘクタールの規模の経営体が大部分を占める構造を目指す」とした。現状は、販売農家一戸当たりの経営耕地面積は二・〇二ヘクタール（『農林省センサス』二〇一一年）であることから、これを一〇倍近く広げることになる。それに対し、集落営農の農地の集積面積は、二〇ヘクタール以上の集落営農が五三・六％と半数以上を占めている（『集落営農実態調査結果』二〇一一年）。そのため、小規模農業が大規模経営に転換する手立てとしては、集落営農が有力な道であることは明らかである。

まとまりながら生産性を上げる——農地共同管理の歴史

日本の農業は、米価の下落、担い手の不足、耕作放棄地の増加等、構造的問題を長らく抱えてきた。家族経営による小規模農家、兼業農家が主体であるため、経営の効率化がひとつのネックであった。また地方を見渡せば、どこも高齢化が進み、「次世代につないでいく農業」の実現が積年の課題であった。

中国山地をはじめ、そうした問題が最も先鋭的に深刻化した地域で、農地の共同管理という発想が生まれてきたのであった。集落営農は、土地の所有権は個人に残したまま、利用権を集落あるいは地区全体に設定し、農地を共同で管理しようというシステムである。この点、歴史的に共同体としての意識が保たれてきた中山間地域や農村地帯の多くの集落では、そうした共同管理を受け入れる素地がすでにあったことも、普及のきっかけになったと思われる。そこで、日本の「集落」がたどってきた共同化への歴史を簡単に振り返っておこう。

まず減反政策によって、農業が大きな岐路に差しかかった一九七〇～八〇年代にかけて、集落単位の「営農組合」が全国各地で多く立ち上がっていった。年に一度、田植えや稲刈りの時期にしか使わない田植機やコンバインを各農家が所有するにはコストが高くつく。これら設備を共同で管理し、輪番で使用することにより、少しでもコストを安く抑えようとしたことが営農組合の発端であった。それと軌を一にして、圃場整備事業の計画も各地で持ち上がりつつあった。

それらは、集落の住民たちが農地の有効活用について考える機会へとつながっていった。「機械の共同利用」と「圃場整備」を契機に、集落でまとまりながら農業を進めていく機運が高まっていったのである。

その後、一九九九年に「新農業基本法」が制定され、国も集落営農や農業の法人化（農事組合法人）を本格的に推し進めていくことになる。二〇〇〇年に入ったあたりから、先の営農組合を母体とした集落営農が多く生まれていった。また、中山間地域では農地をより効率的に集積させるために、複数の営農組合が合併し、新たに集落営農を組織し、法人化にまで至るケースもよくみられるようになってきた。

近年では、農政の支援対象の中心に「認定農業者」と「集落営農」が位置づけられ、それ以外（つまり非法人）は各種の融資制度や基盤整備事業等の支援対象としないという線引きがなされるようになりつつある。中山間地域の農業に大きな影響を与えた政策のひとつ「中山間地域直接支払制度」なども、集落での協定をベースとしている。こうした政策や制度をきっかけとして、営農組合を持たない地域では集落営農の立ち上げが、すでに持つ地域ではその合併や法人化が急速に増えてきたのである。

法人化が進む広島県

先にみたように、日本で最初の集落営農は島根県西部の津和野町で生まれた。それが次第に津和野町全域、島根県、隣の広島県を中心に広がりをみせ、全国に波及していった。

集落営農の法人化については、西日本では広島県、島根県、大分県あたりで進んでいる。これには、それぞれの県の地域政策や農業政策が大きく関係している。前述のように、近年の農業政策では法人以外の農業者は補助対象とされないことが多い。なかでも広島県では「農地・水・環境保全向上対策」にかかる補助金は、法人のみを対象とすることが厳格に定められている。こうした補助制度上の制限が法人化を促したといえる。

広島県前知事の藤田雄山氏（就任期間一九九三〜二〇〇九年）は、集落営農の法人化を農政の最重要課題として進めてきた。二〇〇四年に策定された「広島県新農林水産業・農山漁村活性化行動計画」には、集落営農法人設立数を六六法人（二〇〇四年度）から二〇一〇年度には三〇一法人へ、水田面積に占める集落営農法人の集積面積シェアを四%から二五%に高めるといった目標値が設定されていた。また、後述するように「集落法人リーダー養成講座」を開講し、現場のリーダーの育成に努めてきたことも大きな成果として実を結んでいる。

広島県の場合、ほとんどの集落営農は機械の共同利用を行う組合を母体にしており、この点も法人化を後押しする要因となっている。同県はもともと、耕地面積の小さな中山間地域に農地が点在しており、機械を個人所有するには負担が大きかった。集落営農が盛んになる二〇年以上前から、機械の共同利用組合が集落ごとに組織されており、それらが合併して集落営農に至った例が少なくないのである。

地域ごとのタイプ

このように集落営農は政策に後押しされる形で増え続けている。

一方で農業の現場に目を転じれば、そこで働いているのは、先祖伝来の農地を受け継いできた人びとにほかならない。そうした人びとが、農政や制度が必ずしも先行しない場合でも、守ってきた土地を活用し、知恵と工夫で集落営農の取り組みを深め、地域を豊かにしているケースが実際には多くみられる。そのような現場の状況に応えて、農政と地域が協力し合いながら、住民が自主的・自発的に動けるような仕組みや制度を作ることが求められている。

農山村の現場を歩いていると、定年後、人生の第二ステージを迎えた世代が中心になり、「協業」で新たなことに取り組みながら、地域や集落に貢献することに生きがいを見出している光景をよく目にする。この点が、都市生活との大きな違いかもしれない。農山村では集落営農をきっかけにして、地域再生の展望が拓けてきただけでなく、人びとが人生に新たな価値や意義を見出し始めているようである。

集落営農研究の第一人者である楠本雅弘氏は、集落営農を「社会的協同経営体」であるとし、次の三つの機能が「三位一体」的に不可分に結びついていると指摘している。(2)

① 農地・農道・水路・溜池・里山などの地域資源を協同（共働）で維持・管理する機能
② それらの地域資源を活用し、地域住民の労働力、資本（資金）を結集して効率的な農業生産活動を行なう地域経営組織。すなわち地域マネジメント、コミュニティビジネス機能
③ 地域住民の定住条件を維持・改善し、生活や暮らしを支える地域再生・活性化機能

そして、地域により集落営農の形に差がみられるのは、これらの三つの機能のうち、どれに重点を置いているかによるとされる。

また、集落営農は地域性によって、次の三つに分けることができる。

北陸平野型……平野部で兼業農家が集まり、大規模経営に向かう
中国山地型……過疎化・高齢化に悩む中山間地域で営農を続けながら、集落全体で新たな活動に向かう
東北型……大規模な受託生産組織が個別農家の生産を請け負う

これをみると、集落営農は地域ごとのニーズに応じて形が分かれてきたことがわかる。「北陸平野型」は機械の共同利用など営農組合としての性格が強く、「全戸参加型」が多い。一方、傾斜地が多く、耕地面積が小

さい中山間地域を抱える「中国山地型」は、人口減少と高齢化から集落の維持が喫緊の課題となっており、比較的少数の若者が担う「オペレーター型」が進んできた。いずれも地域課題や農業スタイルの特性を反映させている。

ここまで、集落営農増加の背景と地域ごとの特性を概観してきた。次節以下では、「中国山地型」のいくつかの先進事例をみていくことにしたい。集落営農のタイプとしてはいずれも「オペレーター型」を基本とし、数人の専従者に作業を任せ、他の住民たちは地域活動に向かうケースである。

2 自治と産業の自立を目指す――広島県東広島市河内町「ファーム・おだ」

楠本氏が述べるように、集落営農は「社会的協同経営体」としての特質を備え、営農を超えて地域マネジメントに向かいながら進化を遂げるケースも目立ち始めている。その際、「営農＋地域活動」をどのようにマネジメントしていくかが、多くの地域の課題となるだろう。地域自治組織と結びつき、自治と産業の自立を目指して活動を続ける広島県東広島市の農事組合法人「ファーム・おだ」は、そのひとつのモデルを提供してくれる。

(1)「地域自治組織＋集落営農法人」の二重組織

広島県東広島市河内町《こうちちょう》小田地区にある「ファーム・おだ」は、集落営農の法人化が進む広島県でも最大規模の法人として注目される。二〇〇五年一一月に設立され、現在の構成員は一二八戸、法人経営面積は八四へクタールとなっている。ファーム・おだの設立背景や、地域での合意形成の仕方、女性たちの産業活動には、自治と産業の自立を可能にする「集落ビジネス」のヒントとなる要素が多く含まれている(3)。

「平成の大合併」が最も進んだのは中国地方であり、広島県の市町村数も八六から二三へと大幅に減少した。なかでも、県のほぼ中央に位置する東広島市は、二〇〇五年二月に旧東広島市、黒瀬町、福富町、豊栄町、河内町、安芸津町の一市五町が合併してできた広域自治体である。市の北部に位置する旧河内町は、高いところでは標高五〇〇～六〇〇メートルにも及ぶ典型的な中山間地域である。他方、最南の旧安芸津町は瀬戸内海に面している。合併によってこれらの地域多様性を包含することになった東広島市は「りんごとみかんが一市で採れる」ほどの広域市となった。人口は約一九万〇一三五人（二〇一〇年国勢調査）、高齢化率は一八・六％である。

旧河内町小田地区は、合併前後に何度かの「地域の危機」に直面している。第一の危機は、一三一年間続いた地元の小田小学校が二〇〇四年三月に廃校となったことである。小学校の消滅は、「地域の火が消える」とも形容される。地元では存続運動が展開されたが認められなかった。第二の危機は、合併に伴い地区の保育所や診療所が廃止され、隣の地区に併合されたことである。市町村数が三分の一ほどに減った中国地方では、多くの地域がこうした危機を経験している。

自治組織「共和の郷・おだ」を設立

だが、地域の危機は、住民の意識を変えるきっかけともなった。「行政は何もしてくれない」とこぼすだけの「くれない主義」から脱却し、小田地区は住民主体の提案型のまちづくりを目指して団結する。小田小学校が廃校になる直前の二〇〇三年一〇月、地域自治組織「共和の郷・おだ」を設立。小田地区内の全二三六戸が

小学校の廃校舎を利用し診療所を設置

加盟し、総務企画部、農村振興部、文化教育部、環境福祉部、体育健康部という五つの専門部署を置いた。前章でみた川根振興協議会がこうした自治組織を、小学校区レベルで確立させてきた。広島県の各市町村では、これをモデルとして市町村合併を契機に広がりをみせていた。

以来、「共和の郷・おだ」は、小田小学校の廃校舎を拠点に活動を展開している。地区で唯一の診療所がなくなったことから、隣町の医師を説得し、週に二度来てもらって校舎内で診療所を開業した。この廃校舎はそのほか、地元の音楽団の活動拠点、習字教室、体操教室などとしても機能している。川根地区と同様、小学校の廃校舎を地域のコミュニティ拠点として再生させたのである。

同時に、産業化による自立の模索も始めている。まず自治組織の設置直後に、全戸アンケートを実施した。農業の継続について質問したところ、「五年後にやめたい」という回答が四二%、「一〇年後にやめたい」が六四%と、離農への意向が予想以上に高かった。

地域の存続にも関わる難しい問題だった。集落を崩壊させず、農地を維持し、農業を発展させていくためにはどうすればよいかが話し合われた。そして、集落営農法人の設立に向けて検討が始まった。

リーダーたちによる集落懇談会の開催

この時、地域のまとめ役となったのが、現在ファーム・おだの組合長理事を務める吉弘昌昭氏（一九三八年生まれ）である。吉弘氏は、広島県の農業改良普及所長、県農業会議次長を経験し、県の集落営農法人化を進めてきた立役者である。

県農業会議次長の職にあった時期には、二〇〇一年から集落営農法人のリーダーを養成する「リーダー養成講座」を企画、実施していた。この講座は、広島県全域から多い年には年間二二〇人が集まるほどの規模となり、卒業生はみな自分の地域で集落法人の担い手となっていった。実際、県の集落法人立ち上げ数は、この講座の開講前は年に一〜二件にすぎなかったのが、二〇〇二年には一九件、〇三年には二二件と着実に増えている。養成講座が確実に実を結んだ結果といえよう。

吉弘氏は、こうして法人化の仕組みを県規模で普及させ、二〇〇五年に引退した後は地元の小田地区で集落法人をリードする役を担っていく。まず、県で実践したリーダー養成講座の仕組みを生かし、地区内で勉強会「共和塾」を始めた。農事組合法人の事業計画づくりを中心に活動し、開講日は夜の飲み会も欠かさず実施。そうして一六人が勉強と対話を重ねてから、全員で小田地区内の全一三集落に足を運び、集落ごとの「懇談会」を開いていった。

その際、共和塾のメンバーは、集落ぐるみで営農することの利点を丁寧に説明した。例えば、現状のまま個人で農業を続けると、一戸当たり年間六万五〇〇〇円の「赤字」が発生するが、法人化すると逆に五万六〇〇〇円の「報酬」が得られる。こうして具体的な数字の紹介も含めて、集落ごとに二～三度懇談会を開くうち、どの集落でも合意形成に一定のパターンがみられることがわかったという。

最初の懇談会にはどこの家も世帯主の男性が参加してくる。そして世帯主たちはたいがい、先祖代々受け継いできた農地を他人に任せるなどありえない、と反対する。話を持ち帰った世帯主は、家の大事ということで、夫人を伴って参加する。すると、女性たちはほとんどが集落営農に大賛成する。兼業農家は実質的には女性が農業の担い手であり、彼女らは集落営農によって重い農作業から解放されることを喜ぶのである。こうして、どの集落でも主に女性たちの力強い賛同を得て、小田地区の八割の一二八戸が参加して集落営農法人が設立されることになった。

その後、五〇回にも及ぶ会合を重ね、二〇〇五年一一月に農事組合法人「ファーム・おだ」が誕生したのであった。

法人化のメリット

広島県の集落営農を長らく指導してきた吉弘氏は、集落営農の法人化のメリットとして、次の五点を挙げている。

① 練担［区画をまたいでつなげること］によって農地を一度に集積させることで、祖先伝来の農地を効率的に守ることができる。

② 機械利用の効率化によるコスト低減、効率的な栽培管理、集落資源の最大活用が可能となる。

③ 全員の力で有利な経営展開ができる。また、集落営農法人がすべての農業施策の受け皿となることで、施策を地域で有効に活用できる。

④ 女性・高齢者は重労働から解放されて楽になる。それによって余剰となった女性の多様な技能と知恵を活かして、加工、野菜、花など集約農産物の生産に展開することができる。

⑤ 国の施策は、意欲と能力のある担い手を支援する方向へと集中化・重点化しつつあり、それに対応することが可能となる。

現代の農業は、個人経営で採算がとれるものではなくなってきている。まして、広島県のような県土の七五％を中山間地域が占めるところでは、小規模農家がほとんどである。したがって、農地を集積させ、機械を効率的に利用し、加工で付加価値を高め、農業施策による補助金を導入やすい体制をとることが求められる。吉弘氏の指摘はまさしく、中山間地域の農業の課題を的確に示したものといえる。

ファーム・おだの経営規模は八四・一ヘクタール。うち耕作面積七〇・四ヘクタールに、水稲（四六・四ヘクタール）、大豆（一八・七ヘクタール）、そば（三・七ヘクタール）、野菜（一・九ヘクタール　南瓜やトウモロコシ）を栽培している。転作率は三四％ほどで、大豆やそばを中心に加工品の生産にも力を入れつつある。また、地元の牧場と連携し、堆肥をもらう一方で、ファーム・おだからは稲わらを供給している。

組織は総務部、経理部、生産部、機械・施設部、資材・労務部、加工・販売部と六つの部で構成され、全体の運営は全組合員のなかから選出された役員（理事一五名、監事二名）が担っている。出資者は全構成員一二八名で、資本金は九五三万四〇〇〇円となっている。地区にUターンしてきた三〇代と四〇代の若い担い手がファーム・おだの正社員となった。

このように小田地区は、「共和の郷・おだ」と「ファーム・おだ」の二本立て、つまり「地域自治組織＋集落営農法人」の二重組織となっており、地域課題の解決と営農による自立を同時に目指しているのである。

(2) 女性たちの新たな動き

オペレーター型の集落営農化によって、女性たちは農作業から解放され、新たな地域活動に向かっていく。実は集落営農の最大のメリットはここにあると、わたしは考えている。「女性の生活の知恵」を米づくりだけにとどめるのではなく、地域資源を活用した商品の開発製造、販売に向かうことにより、女性たちはやりがいと生きがいを得て、地域に活力をもたらしていく。

ファーム・おだのケースはそれを証明しており、加工・販売を担っているのが女性グループ「おだ・ビーンズ」である。法人設立時にメンバーを募集し一〇人でスタートした。地元の郵便局を巻き込んで「ふるさとパック」に着手し、次々と新商品を生み出してきた。「ふるさとパック」は、餅、味噌、米、黒豆など小田地区でとれた一三品目をセットにして全国に発送してきた。もともとＪＡの加工場であったところを、再活用して活動している。

「おだ・ビーンズ」が現在、取り組んでいるのは「小田そば」の生産、加工、販売である。メンバーの空いている農地でだったんそばを蒔き、収穫して、加工業者に乾麺加工してもらう。販売先は地元の直売所が中心である。イベントを年三回実施し、春は山菜の天ぷら、秋にはそばまんじゅうの実演販売をするなど、旬の食材とあわせて小田地区のＰＲを積極的に行っている。代表の大田淳子さんは、「『楽しく仲良く頑張ってヨーロッパ旅行に行こう』をスローガンに、メンバー全員で励まし合いながらやっている」と話す。

こうち寄りん菜屋のメンバー

女性陣は農産物直売所、農産物加工、農村レストランに向かう

小田地区の農産物直売所「こうち寄《よ》りん菜屋《さいや》」は、ファーム・おだよりも先に設立され、ファーム・おだと共に地区の農業を引っ張ってきた存在である。

農産物直売所と食堂を二〇〇〇年六月にスタートさせ、〇四年には加工場を併設させた。一一〇人の生産者が参加している。合併前の二〇〇五年までは地区内の生産物に限っていたが、合併を機に他の町の産物も採り入れ、品数を増やしていった。年間入込客は二万人強であり、地元商店と観光拠点と二つの機能を担う。

リーダーの山脇良子さんは、地元の女性たちから厚い信頼を寄せられている。進取の気概にあふれ、小田地区を吉弘氏と共に引っ張っている。食堂では小田そばをはじめ、地元産の旬の食材を提供し、加工では漬物、こんにゃく、味噌等を手がけている。山脇さんを含めたメンバー一一人が食堂と加工の両方をローテーションで対応している。「こうち寄りん菜屋」の女性たちは、地域での仕事を自分たちで創造してきたのであった。

また、東広島市に合併した二〇〇五年からは指定管理者制度が導入されることとなり、「こうち交流促進運営協議会」を立ち上げ、指定管理者として直売所等の運営にあたっている。それまではこうち寄りん菜屋が家賃を町に支払い、町からは補助金が支給されていた。それが指定管理者となったことで、家賃は不要となった代わりに補助金の支給もなくなった。その他の諸経費も協議会が支出しており、着実に自立的な動きへと向かいつつある。

このように、女性たちが自立的に仕事を創出し、地域に所得と雇用を生んできた。これは次章で詳しく述べるように、女性起業による「農産物直売所、農産物加工、農村レストラン」の三点セットの代表的な事例であり、中山間地域の自立を後押しする存在となっている。

地域自治と地域産業の自立

小田地区の特徴は、「ファーム・おだ」や「こうち寄りん菜屋」を下支えする自治組織「共和の郷・おだ」が地域内の「小さな自治」を担っていることにある。高齢化が進む地域で、住民の心の拠りどころであった小学校の廃校舎を活用し、コミュニティ拠点として再生させたことの意義は大きい。こうした「小さな自治」が基盤にあるからこそ、「ファーム・おだ」や「こうち寄りん菜屋」のような、農地の共同利用や地域資源の加工に向かう動きもしっかりと地域に根づいてきたのであろう。

組織づくりや人づくりの方法においても先進的な試みがなされている。とくに集落営農によって女性たちを農作業から解放し、その力を最大限に引き出す形で組織づくりをしてきたことの意義は大きい。これが地区の産業化を進展させることとなった。小田地区の取り組みは、超高齢社会時代の「地域自治と地域産業の自立」

に向かうひとつのモデルとなるように思われる。

3　営農活動から福祉・交通事業まで――島根県出雲市佐田町「グリーンワーク」

続いて、島根県出雲市旧佐田町《さだちょう》の有限会社「グリーンワーク」を取り上げたい。「グリーンワーク」は、中国山地型のオペレーター方式を基盤としながら、受託方式も採り入れて営農の範囲を広げ、しかも地域の福祉や交通事業にも参入している。中山間地域における多角経営の好例であり、「攻めの集落営農」のひとつのモデルを築いている。

出雲市は人口一四万三七九六人（二〇一〇年国勢調査）、高齢化率二六・二％、松江市に次ぐ島根県第二の都市である。二〇〇五年三月に旧出雲市、平田市、佐田町、多伎町《たきちょう》、湖陵町《こりょうちょう》、大社町《たいしゃまち》が合併して誕生した。さらに二〇一一年一〇月に斐川町《ひかわちょう》が編入合併し、より広域となった。

五集落で組織化、有限会社へ

グリーンワークは、旧佐田町で一九九八年に三集落で立ち上げられた営農組合を母体としている。二〇〇二年には隣接する二集落からなる営農組合と合併し、五集落、組合員二四名で再スタートした。農業の担い手が激減するなかで、地域には稲作の新たな受け皿機能となる組織が必要であった。現在では地区内の全世帯約一〇〇戸のうち、三〇戸が組合員となっている。

その後、二〇〇三年に有限会社として法人化を果たしている。農業以外の分野に進出することを見越してのことであった。農業は一年のうち七カ月しか仕事がない。残りの五カ月、農業以外の分野の仕事を創出し、収入を得ていくことが地域の課題となっていた。

集積した一三ヘクタールの耕作地で稲作の直営及び受託を行っており、受託は佐田町一円に及ぶ。受託している作業内容と規模は、耕起一〇〇アール、代かき一〇〇アール、田植え二〇〇アール、刈り取り一三〇〇アール、乾燥調整一五〇〇アール分である。そのほかＪＡいずもからの受託で、水稲育苗一万四〇〇〇箱とライスセンター（籾《もみ》の荷受から乾燥、籾すり、選別、出荷までを一貫して行う収穫施設）の運営も引き受けている。

役員は四人で、代表取締役社長は山本友義氏（一九四六年生まれ）が務める。山本氏は松江市の会社を退職後、旧佐田町の町会議員を四期務めながら、一九九五年からグリーンワークの母体の営農組織をとりまとめてきた。総務部長は旧佐田町役場の元職員、生産部長は元バス運転手、業務部長は森林組合の現役職員が務め、監事には出雲を代表する大手誘致企業の元社長が就いている。佐田町のリーダーたちが結集し、運営に当たっているのであった。

Ｉターンの二人を正社員として雇い、一般作業賃金が時給一〇〇〇円、オペレーターは一三〇〇円で請け負っている。オペレーター人員は、正社員の二人、役員四人とその夫人ら計一五人ほどである。出雲市が市内の空き屋を利用して進めている定住対策と連携し、新たな定住者を正社員として受け入れる体制づくりも進めている。資本金は一八〇〇万円、利益配分は純利益一〇〇万円以上で三～五％の出資配当がなされている。

女性たちによる「メリーさんの会」

小田地区と同様、集落営農をきっかけに町内の女性たちは農作業の重労働から解放され、新たな活動に向かっている。

グリーンワークが放牧している羊。除草だけでなく地域の手づくり産品にも役立ってくれている

グリーンワークでは、除草対策として羊を放牧している。二〇〇五年に三頭を導入し、毎年増やしながら、現在では二五頭となった。一頭当たり年に一〇アールの草を食《は》んでくれるので、除草の助けとなっている。地域の小学生たちも羊の世話をしに訪れるので、農地ににぎわいが生まれている。

女性たちはこの羊を除草対策だけと捉えず、地域資源と見立てて新たな活動に踏み出した。女性八人で「メリーさんの会」を設立、羊毛を刈り、紡ぎ、洗って乾燥させて毛糸にし、マフラー、靴下、手袋などの手芸品を編んで販売することになった。やがてニュージーランドから編み物の講師を呼んで指導を受けるなど、本格的な取り組みとなっていく。まだ売上は年五〇万円ほどであるが、グリーンワーク本体が成長しているので、十分にやっていけているとのことであった。ユニークな方法で仕事を創出している。

高齢者支援・交通事業も手がける

グリーンワークは営農だけでなく、多角的な地域支援に乗り出すようになっていく。高齢者の「外出支援サービス」では、旧佐田町の範囲で、車を持たないお年寄りを対象に、病院への送迎や買い物をサポートしている。現在八〇人が登録しているが、利用料は一時間一〇〇円＋一キロメートル当たり一〇円を支払うだけでよい。近隣の外出なら高くても一〇〇〇円を超えることはないため、年金暮らしの高齢者にとっては非常に有益なサービスである。また、旧佐田町近辺は公共交通の便がなく、高齢化地域における交通事業としての意義も大きい。なお、この「外出支援サービス」事業は、出雲市から指定管理者として受託している。

グリーンワークではメンバー全員が介護・福祉に関する講習を受け、高齢者のさまざまなニーズに対応できるよう体制を整えている。市からは「外出支援サービス」に対して時給九五〇円が支給されるが、従事者には一般作業賃金として時給一〇〇〇円を支払っているので、時間当たりマイナス五〇円となり、法人から持ち出し分が発生しているのが現状である。だが、グリーンワークでは、こうした高齢者支援事業を継続させることは、地域貢献だとメンバーは考えており、今後も続けていく構えである。

集落営農の法人化の際、農事組合法人とせず有限会社にしたのも、こうした福祉・交通事業分野への進出を見越してのことであった。法人の収益としては採算ラインぎりぎりで、若干の赤字も出しているが、住民の便益からみれば、現在の「外出支援サービス」があるのとないのとでは大きな差であろう。「外出支援サービス」で出る赤字分は集落営農の利益で補てんされ、グリーンワーク総体として利益向上を図りながら地域貢献を続ける方針である。コスト・ベネフィットの視点ではなく、ソーシャル・キャピタルの視点で捉えると、グリーンワークの多角経営は大きな効用をもたらしているといえる。

先に述べたように、グリーンワークの組合員となっているのは旧佐田町地区内の約一〇〇戸のうち三〇戸だが、残りの農家もほとんどが、田植えや収穫の作業の一部を委託するなど、何らかの形でグリーンワークの支援を受けている。また、今後は羊毛加工や高齢者支援・交通事業のほかにも、農村レストランの経営などさらなる多角化が計画されている。

創意工夫によって、営農の枠を越え、多角化に果敢に挑戦してきたグリーンワーク。地域の課題を住民自らが引き受け、集落営農を軸に新たな仕事を創造してきた。

近年、市町村合併を経て、「地域」の範囲が変わりつつある。行政区としては広域化する一方で、交通や福祉等の行政サービスが細部にまで行き渡らなくなった地域も増えたが、それによりむしろ住民の自治と自立への動きがみられるところも現れてきた。そして中山間地域では、人びとのまとまりとしては「集落」や、複数の集落から構成される「小学校区」くらいの範囲で、新たな挑戦が始まる場合が多い。第1章でみた地域自治組織はその一例である。

東広島市のファーム・おだとグリーンワークの事例は、いずれも中国山地型の集落営農を基礎としながら、地域自治組織の機能をあわせ持ったり、農業以外の分野に踏み込むことで、自治の自立と産業の自立を両立させている。

前述のように、集落営農の法人化が全国で最も進んでいる広島県や島根県では、このように小規模農家が力を結集し、共同で農業経営をしていく独自の集落営農スタイルが構築されつつある。そうした取り組みをみると、集落営農は農地の集約や機械の共同利用によって農業の効率化を進めるだけではなく、地域自治や交通事業・福祉事業をつうじて「地域扶助」の仕組みを整え、地域をトータルに運営していく組織に進化しているようである。

4 「仕事」を創造し「公益」を追求する集落

集落営農法人の活動を見渡すと、地域づくりの母体組織として機能していることがわかる。地縁組織に基づく営農組織などを出発点に、有機農業、女性たちによる加工、米の直販、消費者との交流に踏み込むなど、集落営農を起点に新たな地域づくりが始まっているようである。

それは一方で、行政だけに頼らない「くれない主義」を脱した地域づくりの高揚をも意味しよう。その場合、「ファーム・おだ」のように、地域自主組織が「小さな自治」を実現し、集落営農が産業化を支え、「自治の自立」と「産業の自立」の両輪で地域づくりに挑むことが重要となってくる。

「生産の場」と「生活の場」が一体である農山村では、「集落」が人びとの社会的なコミュニティの基盤となってきた。近年では、集落営農の法人化を背景に、その意義や価値が大きく変わりつつある。集落営農法人の「社会的協同経営体」としての特質によって、「集落」が地域コミュニティとしての機能を高め、閉鎖的と思われてきた「むら」や「集落」は開かれた空間となってきた。住民の暮らしを豊かにし、地域を創造的な場にしていく地域共同体として機能しているようである。

農村女性の重要な役割

集落営農を地域コミュニティ活動として捉えると、女性の役割がとりわけ重要であることがわかる。女性の力は、農山村や中山間地域を取り巻く環境が厳しくなるにつれ、コミュニティに不可欠なアクターとして重要性を増してきた。

かつて、農山村の女性は農業に従事しながら、家事、育児、介護などをこなし、さらには村の誘致工場でパート勤めをこなすなど、何重もの役割を一人で担ってきた。しかし、縫製工場をはじめ農山村に展開していた誘致工場はアジアに流れ、地域の雇用の場が一気に縮小していく。同時に人口減少や高齢化が進み、耕作放棄地が増え、集落の風景が徐々に様変わりしていった。産業構造の変化に伴う「地域の空洞化」が、農山村の小さな集落にまで押し寄せてきたのである。

そのような集落の衰退と縮小の一方で、子育てが一段落した女性たちの間で、地域で何か事業を起こそうという機運が高まってくる。自分たちの時間を持てたことで、農村女性たちが新たな取り組みに向かっていくことになった。これが結果として、内発的に就業の場を生み出す力となっていった。

集落営農の組織化・法人化は、女性たちの自立の動きを後押ししている。集落営農により、女性が農作業から解放され、男性と女性のいずれにとっても仕事が明確になった。男性たちは営農活動に専念し、女性たちは農作物の付加価値を高める加工や販売に向かっていったのである。集落営農が事業性を帯びるに従い、女性の活動の舞台が広がっていく。

集落営農の発展ステップ

図2-1は、産業化を経て地域活動に向かう集落営農の発展ステップを表したものである。

第一段階は「組織の設立」であり、まずは集落営農の設置となる。先にみたように、すでに設立段階から先々の事業化を意識して法人化を果たすケースも増えている。

第二段階の「付加価値向上の取り組み」では、集落営農をつうじて生産された農産物の加工・製造・販売な

図2－1　集落営農の発展ステップと男女の仕事

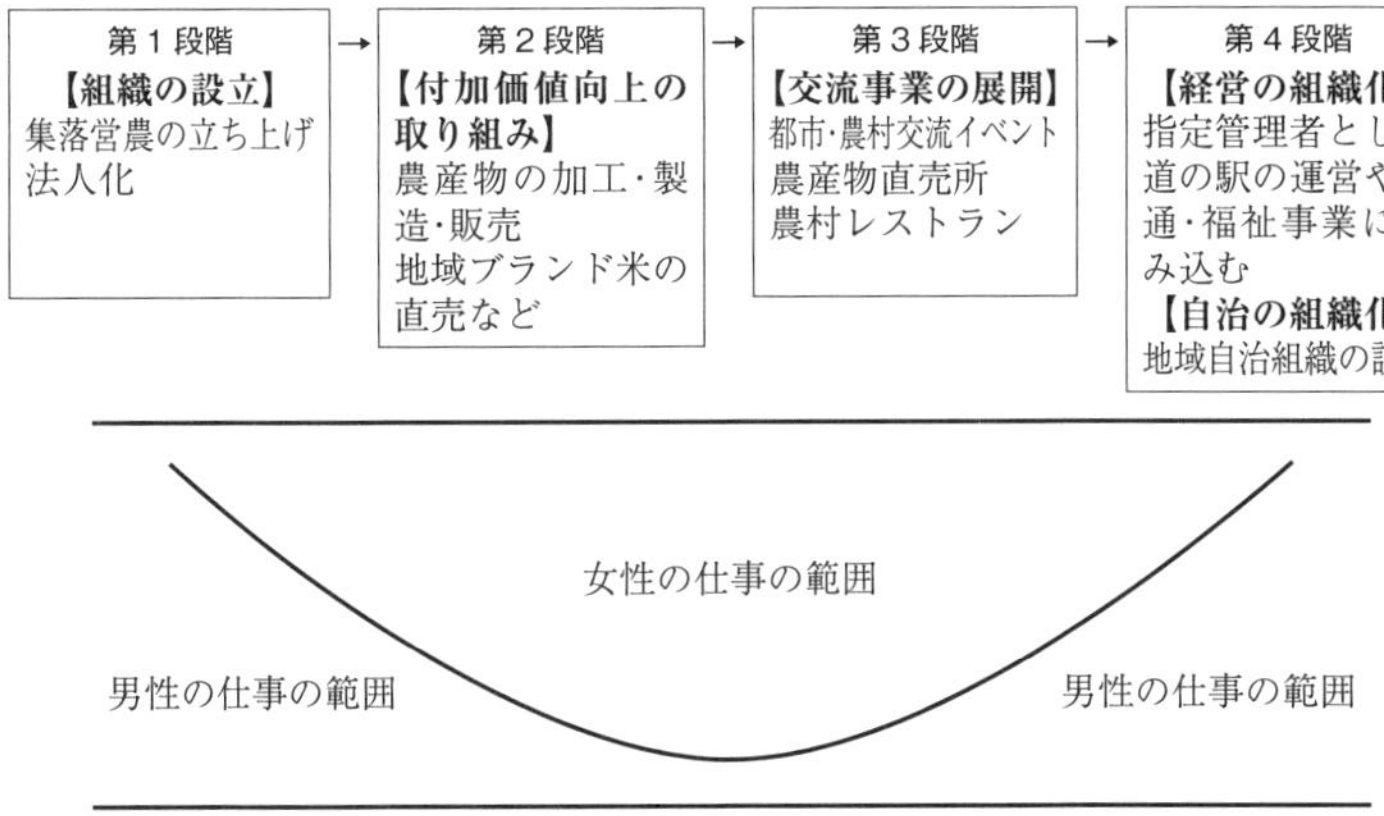
【経営の組織化】
指定管理者として道の駅の運営や交通・福祉事業に踏み込む
【自治の組織化】
地域自治組織の設置

どに展開していく。転作した大豆を使っての味噌づくりや豆腐づくり、米を使っての餅づくりが一般的だが、地元で親しまれてきた伝統食から工夫を凝らした加工品まで幅広い。女性たちがアイデアを出しながら商品化に取り組んでいく。さらに、「ファーム・おだ」のように米をブランド米として直売するところも出てくる。農協に出荷すればまとまった収入が得られるが、利ざやは低い。米の直売は、安定的な収入を得るまでには苦労が伴うが、集落営農にとって大きな収入源となりうる。この段階に入ると、さらに事業化の様相を呈していくだろう。

そして、第三段階は「交流事業の展開」である。地域に外部から人が訪れる仕組みを、みなで考え実行していく。田植えや収穫祭をイベント化し、都市部の人びとを招く集落も目立ってきた。自分たちが作った米や食材を多くの人に食べてもらい、笑顔で語らうことが、地域にとって何よりの励みとなる。

さらに、こうしたイベントの段階をもう一歩超えると、集客拠点として農産物直売所や農村レストランなどを営むまでになっていく。そこでは女性たちが表舞台に立ち、経営も担うことによって、地域活動がさらに多角的に展開していくことになる。

次章で詳しくみるように、従来、農村の女性たちはいくら農作業に精を出しても、その稼ぎは世帯主である夫の銀行口座に振り込まれていた。しかし、直売所活動への参加によって、自分の銀行口座を持つことになった。頑張った分だけ収入として返ってくるようになった。「自分の銀行口座を初めて持てたことが嬉しかった」と、農山村の女性たちが口々に語る場に何度も出くわした。それほどまでに、農産物直売所など女性起業の意義は大きいのである。

地域経営、地域自治に踏み込む

発展ステップの最後の第四段階では、「経営の組織化」にまで踏み込む集落営農も現れてくる。これは「グリーンワーク」のように、ソーシャル・キャピタルの視点に立った先進的な集落営農を指す。指定管理者として交通事業や福祉事業を手がけたり、道の駅を運営したり、もはや集落営農の域を超えて事業を展開している。集落営農組織を母体とした「地域経営」といえよう。

そしてこの段階になれば、「ファーム・おだ」のような「自治の組織化」の要素が芽生えてくることが注目される。複数の集落が集まって、上部に「地域自治組織」を組織し、その下に集落営農を置くケースもみられるようになってきた。こうした複数集落の範囲の多くは、戦前の「村」の範囲に相当する。ゆえに、もともとは役場や学校、病院などが揃っていた。しかし、人口減少、昭和と平成の二度の市町村合併により、それら公的施設のみならず自治体そのものも広域化した。とくに平成の市町村合併での広域化と、諸施設の統廃合は著しい。

そのような地域では、交通や福祉の機能が激しく縮減してしまっている。「自治の組織化」は、その機能を自分たちの手で運営する試みといえる。そしてそのような地域では、活動に割くことのできる人数に限りがあるため、自然、集落営農と一体に進められることが多いのである。

集落営農は、このような発展ステップを歩むことで、「集落」の活動域は経済・産業だけでなく福祉や自治までに幅広く及んでいく。とりわけ中国山地では、集落営農を母体として「現代のむら」が新たに形成されつつある。

男性と女性の守備範囲

図2−1には、男性と女性の仕事の範囲も図示している。第一段階と第四段階は男性の仕事としての性格が強く、逆に第二段階や第三段階では女性の役割が大きくなる。それがU字カーブになって現れている。

集落営農のリーダーの多くは、定年退職後の男性たちである。第一段階における組織の設置、事業化の進展に伴って経営的要素が増え、男性の管理能力が発揮される機会が多い。現役時代に培ったノウハウを活かし、地域づくりに向かうことで、新たに起業したのと同様の手応えを得るようになる。集落営農には行政の各種制度を受けるための申請手続きも多く付随するので、会社時代の事務技能が活躍する。一方で、女性たちの力を引き出し、みなの意見を聞きながら集落を運営していくのは、男性にとって新たな挑戦かもしれない。「集落営農は第二の人生」と語る男性リーダーも少なくないのである。

そして、女性たちは先述のように、地域資源の付加価値を高める活動に向かっていく。これまで農家の主婦として「縁の下の力持ち」を任じてきた彼女たちが、初めて自分たちで意見を出し合いながら、事業を進め、収入を得ていくようになる。仲間と新しい商品の開発に取り組んだり、売り子として販売に携わったりするなかで、自主的に事業を営むことの喜びに満ち溢れていく。

こうした男女の「仕事の範囲」は絶対的なものではないが、男女ともに支え合い、共通の目標に向かっていくことこそが、集落を活気づけることになろう。人びとの営みの原点でありながら、創造的な営みが繰り広げられている。

集落を基盤にした「地域互助」の仕組み

集落営農の活動をみれば、「集落」は決して閉鎖的な地域単位ではなく、新しい可能性を持った「未来型の農村コミュニティ」のように映る。だからこそ、集落の人びとに安心感を与え、地域を希望に導いている。もともと集落では互いに支えあう「結」の精神が根づいている。互恵的な関係は、モノのやりとりのみならず、冠婚葬祭などでもみられた。人びとのコミュニティの最小の単位が家族だとすると、地方、とくに中山間地域の場合、「集落」をその次の単位とみなすことができる。百年、二百年、世代をまたいで地縁をベースにつながってきたコミュニティである。

こうした地縁をベースにした集落では、生産活動のみならず、扶助の精神も長きにわたって継承されてきた。それが現代になって、集落営農のように生産活動の集約化が起こり、そこで得た収益を扶助にまわすといったことがみられるようになってきた。

重労働の農業を集約化し、負担の軽減を図っていく。男性、女性ともに役割を分担しながら、地域での経済活動を深めていく。その結果、地域内で収益が生まれてくる。これを地域のデマンドバスの運行や、福祉サービスの自主運営事業にまわしていく。こうした仕組みが築かれてきた。集落営農そのものだけでなく、そこから派生した新たな「地域産業」と「地域扶助」が有機的につながることで創造的な営みを生み出しているようである。

何もそれは新しい仕組みではなく、長く継承してきた集落の人びとの「結」の精神から生まれたものであろう。現代版の「結」の仕組みが、集落営農をきっかけにして築かれるようになってきた。今後、こうした広い視点から、集落営農が論じられるべきであるし、地域の新たな組織として注目していくべきであろう。

（1）島根県津和野町「おくがの村」の詳細については、関満博・松永桂子編『「農」と「モノづくり」の中山間地域——島根県高津川流域の「暮らし」と「産業」』新評論、二〇一〇年を参照。
（2）楠本雅弘『進化する集落営農——新しい「社会的協同経営体」と農協の役割』農山漁村文化協会、二〇一〇年、三三－三五頁。
（3）吉弘昌昭「広島県における担い手の現状と課題」（『公庫月報』第六三八号、二〇〇四年一月）、同「中山間地域における集落法人設立の現状と運営について」（財団法人都市農山漁村交流活性化機構『地域経営アドバイザー活動支援ツール』二〇〇七年三月）、楠本雅弘、前掲書、今村奈良臣「地方自治の推進と農業の自主的改革」（『ＪＡ総研レポート』二〇〇八年三月）、石田正昭編著『農村版コミュニティ・ビジネスのすすめ』家の光協会、二〇〇八年、などを参照。

第3章

農山村を引っ張る「女性起業」

図3－1　女性起業数の動向

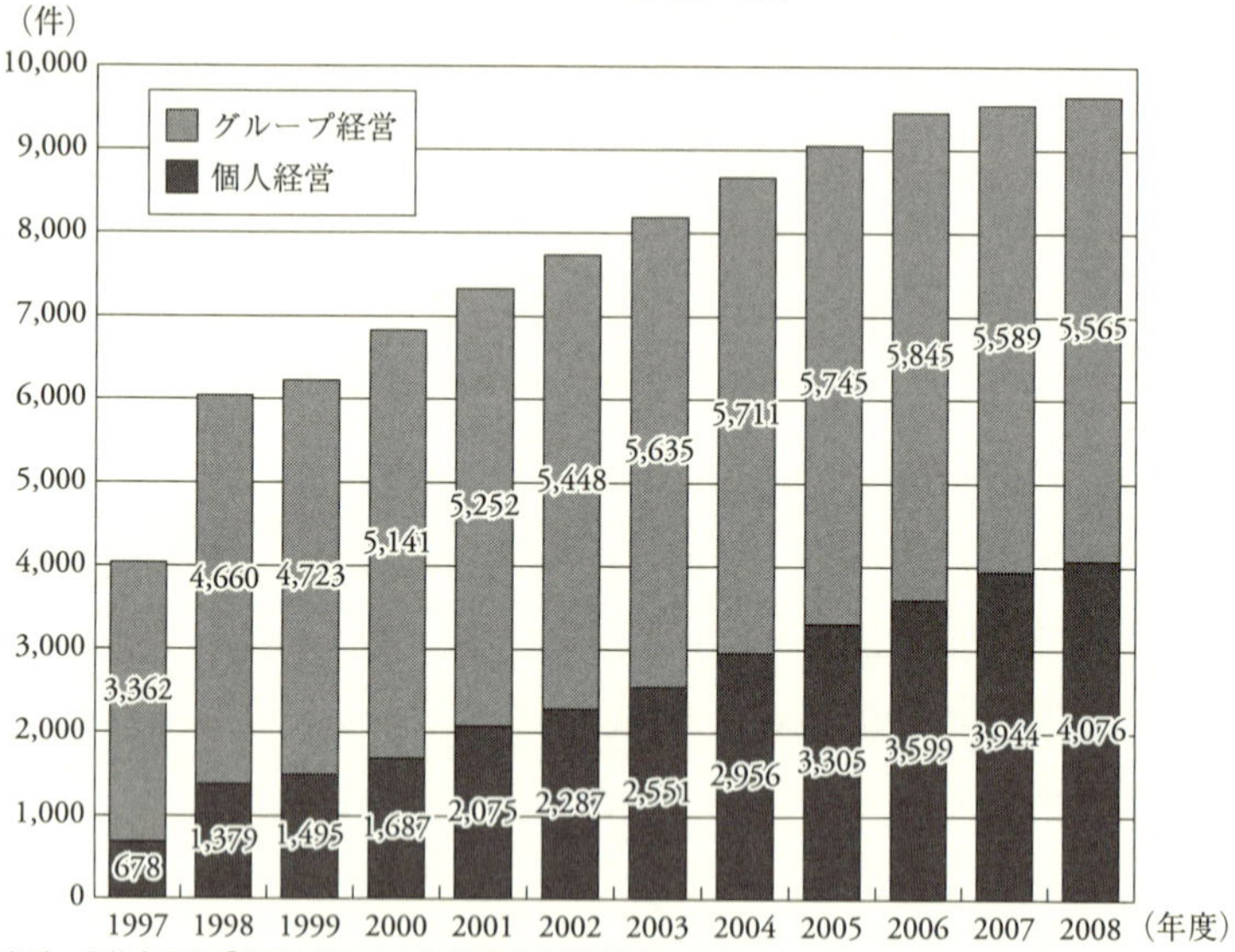

出所：農林水産省『農村女性による起業活動実態調査』2010年

農山村、中山間地域において自立的な産業化が相次ぎ、その担い手として、女性たちが産業活動の表舞台に立ちつつある。農山村の女性起業数はいまや全国で一万件に及ぶとされ、年々増加しつつある。縮小する日本経済のなかで、躍進する数少ない起業分野といえよう。

この変化は地域活性化の一端を表しているだけではない。農村女性たち、とりわけ中高年女性の意識の変化としても捉えることができ、社会に対して大きなインパクトを与えている。

農林水産省ではここ一〇年来、「女性起業」について、毎年実態調査を実施してきた。その調査結果『農村女性による起業活動実態調査』によると、二〇〇八年度の女性起業数は全国で九六四一件を数え、一九九七年の調査開始以来、年々増加し、起業率は年二～九％台で推移している。法人格を有した組織はまだ少なく、任意組織が主であるが、この二〇年あまり、全国的には事業所数が減り続けるなかで、「女性起業」の分野は健闘しているといえる。

農村女性たちは、家業の農業に従事するほか、雇用労働に就いている場合が多い。家事、育児、介護なども重なり、何重もの役割をこなしてきた。

かつて、農村女性たちの雇用労働の場は繊維産業であった。昭和初期頃まで、農村の女性たち、「娘」たちが、製糸や紡績の職場で重労働に耐え、日本の初期工業化を支えてきたことは周知のとおりである。戦後、高度成長期に農村工業化が進むと、繊維産業のほか、電子機器・部品の組立などを担うようになる。産業は高度化しても、単純労働のパート勤めに代表されるように、農村女性の地位は依然として不安定であった。

農村女性が置かれてきた状況に長く向き合い続けた丸岡秀子の言葉は、今も新鮮に響く。一九八三年に「農村女性問題研究会」を組織し、メンバーと共にいくつかの書物を世に問うてきた。研究会の最初の書物『変貌する農村と婦人』には、次のようなエピソードが紹介されている(1)。

丸岡秀子は一九三七年に『日本農村婦人問題』を刊行して以来、生涯にわたって、女性を取り巻く環境の不公正の是正を訴え続けてきた。そして、『日本農村婦人問題』から半世紀後、ようやく農村女性たちの真の自立の姿に接するようになる。一九八五年、国際婦人年(一九七五年)から一〇年目にあたる節目に、ある農村に生きる日本女性から次のような便りをもらい、心を動かされる。

「官庁や大企業で、キャリア・ウーマンとして、男性をしのいで活躍している女性を〝翔んでいる〟というなら、生産の場の大地に、しっかり足をふまえて、力強く生きている農家の婦人もまた、〝羽ばたいている女〟である」。

これを受け、次のように記している。

この便りを寄せてきた婦人は、歴《れっき》とした実践派である。

その生の軌跡には、風雪をしのいできた女性のいのちの継承がある。三世代十人の大家族に加えて、海外からの実習生も、毎年何人か引き受け、しいたけ栽培はじめ多角経営の只中に、夫と対等の責務を負い、解放された精神で、地域社会にも影響を拡げている。文字通り、〝羽ばたいている〟女性である。

わたしの、かつての夢は、こうした婦人たちの積極的な、内発的な、心《しん》のある自立の姿だった。せめて、身の丈ほどもある籠を背負ったら、腰を伸ばし、すっくと立ち上がる、あの胸を張った姿だった。その姿は、いま、どの地方にも出現しはじめている（丸岡編［一九八六］六‐七頁）。

戦前の一九三〇年代から、農村女性の生活、生きざまを追ってきた丸岡秀子は、八〇年代半ばになり、ようやく明るい兆しを見出すようになっていった。このあたりから、徐々に、農村の女性の活動が自立の色合いを帯びてきたのであろう。そして、さらにそこから三〇年を経た現在、農村女性たちの活動はさらなる輝きをみせている。第1章、第2章でみたような地域自治組織や集落営農の高まり、あるいは道の駅や農産物直売所の設立など、現代農山村の多様な創造と結びついて、女性たちの存在感はいっそう増しつつある。農村女性の起業なくしては、もはやこれらの農山村の事業も活動も成り立たないとさえいえる。

本章では、農村女性たちが事業を始める動機、そしてその社会的意義について論じていく。具体的事例として取り上げるのは、「過疎」発祥の地、島根県益田市匹見町の女性たちの産業おこしの取り組みである。

1 農村女性が事業を始める動機と意義

古くから、農協の女性部や生活改善グループによる地域食材の加工販売などが行われていたが、近年の傾向としては、消費者や市場をより意識した取り組みが目立つようになってきた。ここにきて、農村女性が地域産業の担い手として台頭し、同時に、農山村の地域社会における女性の役割も大きく変わりつつあるようにみえる。先に挙げた農林水産省の『農村女性による起業活動実態調査』では、「女性起業」は次のように定義されている。

(1) 農村在住の女性が中心となって行う、農林漁業関連起業活動であること。具体的には、①使用素材は、主に地域産物であること。②女性が主たる経営を担っているものであること。

(2) 本調査の対象とする「女性起業」は、女性の収入につながる経済活動であること(全くの無報酬であるボランティア活動を除く)。

このような定義や、表3-1にある活動内容をみると、「農産物直売所」「農産物加工場(食品加工)」「農村(農家)レストラン」の三つが、現代の「女性起業」の代表的な事業形態といえよう。実際、女性が地域のリーダーとなり、地域産業や交流の拠点として直売所を営んでいるケースや、女性グループで総菜や菓子の加工、地元の食材を活かした伝統食を提供しているケースが各地で豊富にみられるようになった。聞くと、いずれのリーダーもメンバーも「この事業を始めてよかった」「毎日が楽しい」「農山村の狭い生活が一変した」と笑顔で語るのであった。

彼女たちが、直売所、加工場、レストランなどを営む目的は、まず何よりも、地域外の人びとがやって来ることによる地域の活性化を期待してのことである。また、これらの事業化によって、雇用や所得が生み出されることも大きい。しかしながら、彼女たちの話に耳を傾けていると、これらが事業目的の本意ではなく、もっと根源的なところに存在していることに気づく。

表3－1　女性起業の活動内容

区　分		件　数	%
	農業生産	1,769	18.3
	食品加工	7,203	74.7
	食品以外	307	3.2
流通・販売経路	直売所	3,946	40.9
	インターネットでの販売	206	2.1
	その他	1,274	13.2
都市との交流の方法	体験農園・農場	420	4.4
	農家民泊	331	3.4
	農家レストラン	451	4.7
	その他	498	5.2
	その他	151	1.6
	不　明	35	0.4
	全　体	9,641	100.0

注：複数回答。
資料：図3－1と同じ

表3－2　女性起業の年間売上金額

区　分	件　数	%
300万円未満	5,255	54.5
300～500万円	1,103	11.4
500～1,000万円	1,089	11.3
1,000～5,000万円	1,103	11.4
5,000万円以上	259	2.7
不　明	832	8.6
全　体	9,641	100.0

注：複数回答。
資料：図3－1と同じ

自分たちで「労働の対価」を創出

長らく、農村女性たちは、先祖代々の土地を守るために農業を続け、その傍らで家事、育児、親の介護、村の誘致企業などへのパート勤めに追われていた。農業と勤めの両立は、とくに小規模兼業農家が大半を占める中国山地では顕著にみられた。

だが毎日、忙しく働いていても、「労働の対価」を手にすることはなく、農村社会のなかで女性の役割は、当然「そうしたもの」とみなされていた。それゆえ、労働に対する感謝を受けることもなかった。それが、日本が経済成長を遂げ、女性の自立が謳われるようになった一九八〇年代半ば頃から価値観の変化が起こってくる。農村女性たちも、自分たちの「労働の対価」を求める行動に出る。

しかし、それは社会に是正を訴えるといった行動ではなく、自主的な経済活動に入っていくことにより、自分たちの力で「労働の対価」を得ていくようになった。

自分たちで簡易な「ほったて小屋」を建て、直売所を始めたり、惣菜や漬物、パンや菓子、ジャムやジュースなどの農産物加工を事業として営む人びとが現れた。それらは、やがて地元食を提供する農村レストランや宅配事業などへ結びついていった。ちょうどこの頃、一九八三年に郵便局が「ふるさと小包」を開始、それにより農山村の産品が全国に普及する仕組みができたことも追い風となった。

つまり、農村女性たちは「労働の対価」として、自分たちの収入を自分たちで生み出したのである。また、事業を始めるにあたり、生まれて初めて自分専用の銀行口座を持ったことが、さらなる励みへとつながっていった。

彼女たちは、それまで農作物を農協に出荷しても、代金は夫名義の農協の口座に振り込まれるだけで、対価を直接に受け取ることはなかった。それが自分名義の口座を保有することにより、自分の収入を自力で得ることを意識していく。額の多寡は問題ではなかった。自分の口座を持ち、収入を自分で得ることが重要だったのである。そしてそれが、事業へ参画するインセンティブとして働いたのである。

なぜ「女性起業」の時代なのか

多くの女性が、「こんなものが売れるだろうか、と当初は不安を抱きながらやっていた」と振り返る。素朴で質素な地元食が、地域外の人びとに受け入れられるのだろうかという不安もあった。だが、そうした飾らない田舎食こそ、現代の消費者にはスローフードとして受けとめられたのであった。

このように、中山間地域で「女性起業」が増えた第一の要因は、消費者、とくに都市生活者の「食」のニーズを新たに喚起したことがあげられる。「食」の安心、安全への意識が高まる昨今、生産者の顔が見える農作物や有機野菜などが好んで消費されるようになってきた。その根底には、成熟社会のなかで、「都市と農村」における関係性や価値観が変化してきたことがあげられる。大量生産・大量消費・大量廃棄の経済成長モデルからの脱却が意識されるなかで、「田舎」はもはや古いイメージではなく、新しい時代の生活スタイルを生み出す場として見直されつつある。こうした価値観の変化に基づく農業や農山村への関心の高まりも、中山間地域の女性たちの活動を鼓舞しているといえるだろう。

「女性起業」が増えた第二の要因は、農村女性たちに時間的余裕が生じたことも関係するだろう。とくに兼業農家の場合、家の農業を担ってきたのは女性であることが多い。それが夫の定年によって変わってくる。夫は「帰農」して積極的に農作業を引き受けるようになり、地域の集まりや自治会にも熱心に参加して、自治組織や集落営農などに関わっていく。これにより女性は時間的余裕を得るが、パート勤めは難しい。農山村にかつてあった女性たちの職場（誘致企業の縫製工場など）はほとんどが閉鎖、あるいは縮小してしまった。そこで、地域で女性が働ける場を内発的・自発的に生み出す必要が生じる。こうして、夫の定年・引退の時期を境に時間に余裕ができた女性たちは、新たな事業を立ち上げることで、地域の課題に取り組んでいくことになる。

八〇歳になった時、笑顔になれる場

そして第三には、コミュニティづくりといった側面もあるだろう。それは単なる仲良しグループではなく、高齢を迎えた時に支え合える仲間を意味する。これは農山村だけでなく、超高齢社会となった現代日本の重要な課題であろう。とくに女性は男性よりも一般的に長寿であるため、一人暮らしの老後生活を迎える可能性が高い。年を重ねるごとに、「居場所」としての地域コミュニティの持つ意味は大きくなる。

以前、島根県邑南町で農産物直売所「香楽市《こうらくいち》」を営む寺本恵子さんに、直売所立ち上げのきっかけを尋ねたことがある。そして次のように語ってくれたことが、強く印象に残っている。

「人生で背負わなければならない荷物というのは重いものです。働ける間は、自分たちの荷物はなんとかするけれど、自分たちが八〇歳になった時、子どもたちが支えてくれるでしょうか。この直売所は地域活性化や地域農業振興のために始めたわけじゃないのです。金儲けのためでもない。誰もがここに来て、笑顔になってもらう場。年寄りの知恵を活かす場。誰もが、八〇歳になった時、ここにくれば笑顔になれる場にしたかったのです。」

寺本さんは一九七〇年代、邑南町（合併以前の石見町《いわみ》）の農家の長男に嫁いだ。以来、日常の家事、大家族の世話、親の介護、子育て、村の誘致企業へのパート勤め、そして農作業に追われる日々だった。寺本さんに限らず、村にはそうした女性が何人もおり、自分を殺して「農家の長男の嫁」に徹する苦労を共有し合ってきた。その仲間たちで、寺本さんがリーダーとなり、「長男の嫁をいたわる会」という地域サークルを結成。人数が増えたところで会を拡大、「いきいき石見の会」を結成する。当初は三〇人ほどの女性グループであったが、男性陣が「詫び」を入れて参加するようになり、今では三〇〇人規模にまで増えた。全員がホームヘルパー三級の資格を持ち、地域で年を重ねながら互いに助け合う仕組みを地道に築いてきた。そうしたなか、県から女性の地域活動に対する支援を受けることが決まり、一九九五年、有志で農産物直売所「香楽市」をスタートさせたのであった。

寺本さんの言葉からは、農村女性たちが直売所や加工場を作り、事業として営むのは、単に地域活性化や農業振興だけが目的ではないことがわかる。そこには高齢化した地域社会における自分たちの居場所づくり、コミュニティづくりへの希求がある。年老いても「あそこに行けば仲間に会える、笑い合える」という場が欲しい、作っておかなければ、という農村女性たちの切実な思いが起業の原動力となっているのである。

日本全国の農山村に生きる女性たちの取り組みの多くは、こうした「思い」に基づいているとみてよい。

2 「過疎」発祥の地での女性起業——島根県益田市匹見町の三つの取り組み

序章で述べたように、「過疎」発祥の町とされる島根県益田市匹見町では、高度経済成長を背景に、京阪神や瀬戸内などの都市部への大規模な人口流出が起こった。匹見町を含む石見地域の山間部には雇用吸収力のある産業がなく、昭和三八年の「三八豪雪」を経て離村が相次いだが、なかでも匹見町の人口減少は際立っていた。一九六〇年の人口は七一八六人から、七〇年には三八七一人へと一〇年間で半減したのであった。

豪雪により農業の基盤を失い、人びとは働く場だけでなく生産意欲をなくしていた。その後も人口は減り続け、この五〇年間の間に八割以上の人口減をみた。二〇〇五年時点での高齢化率は五三・五%と、匹見町は町全体が限界集落化しているといっても過言ではないだろう。

こうした状況下で、町に残った人びとは、特産物である「わさび」の生産を中心に生計を立てていくことになる。匹見町は歴史的にわさび生産が盛んで、高度成長期には関西市場の五〇%のシェアを占めていたとされる。おそらく離村しなかった農家の大部分はわさび生産に携わっていたと考えられる。

一九八〇年代になると、当時の町長が市場で高値で推移していた「なめこ」に注目、町になめこ培養センターを設置することになった。わさびに次ぐ匹見の特産品の創出である。

その後、地区ごとに「女性起業」が自然に叢生していく。過疎化が極限まで達した状況で、高齢者が生きがいと働きがいをもって暮らし、地域が「自立」するためには、高齢者自身が中心となるような仕事を創造しなければならない。そこで農村女性たちが先頭に立ち、「小さな地域ビジネス」を次々に創出していった。七〇歳代、八〇歳代の女性たちが経済活動に踏み込むようになり、匹見町はいまや「過疎の町」から「交流の町」に変貌を遂げつつある。(2)

以下、この匹見町で生まれた三つの女性起業を取り上げ、超高齢社会における女性起業の意義を探ってみたい。

(1) 生きがいと働きがいを持てる集落を目指して

匹見町には四六の集落がある。その一つ、戸数一九戸、人口三九人、高齢化率四六%（二〇〇八年一〇月末時点）の萩原集落。女性たちが中心となって「萩《はぎ》の会」を結成し、「萩原集落に住んでいてよかった」と思える地域づくりを目標にさまざまな活動に取り組んでいる。

「萩の会」のメンバーたち

「萩の会」のリーダーは齋藤ソノさん（一九二五年生まれ）。自称「わがままばあちゃん」の齋藤さんは地元の信頼が厚く、匹見町のみならず島根県が誇る女性起業家として親しまれている。

「萩の会」の活動は多岐にわたり、それぞれの部会によって運営されている。①毎月開催の「男の料理教室」、②民宿部会による民宿「雪舟山荘」の運営、③水稲部会による「古代体験ツアー」の実施、④ベリー部会による「ブルーベリージャム」づくり、⑤もてなし・体験・特産品の館「萩の舎《や》」の運営、⑥匹見の宝を育てる「匹見中学校生徒たちとふるさと再発見」、である。これらの取り組みはすべて、「萩の会」を軸に集落ぐるみで行われている。

料理教室と民宿運営からスタート

ことの起こりは、集落の女性たちが、男性陣を対象に「男の料理教室」を始めたことであった。そのうち教室に女性陣も加わり、地元の旬の食材を使って食事を作り、みなで食べる月一回の定例会へと発展していった。その後、料理教室のメンバーを中心に、一九九八年に「集落住民全員が主役」を合言葉として、空き家になりかけていた民家を借り、民宿「雪舟山荘」を開設。齋藤さんは商工会からもアドバイスを得たりしながら、当時「民泊」で有名であった大分県産山《うぶやま》村に研修に出かけ、民泊の知識を深めていった。そして、七〇歳代を超える女性たちで「民宿部会」をスタートさせ、地域ぐるみで運営していくというものであった。農家や公共施設で宿泊客を受け入れ、取り組みを充実させていった。

民宿「雪舟山荘」では、メンバーが採った新鮮な山菜や野草、川魚等を使った郷土料理を、竹や広葉樹の器に盛り付け、萩や梅の枝で作った箸を添えて提供している。こだわりと思いのこもった食事ともてなしが評判を呼び、多い時には年間五〇〇人を超える来客があった。

「水稲部会」は、休耕田を利用して三〇アールの水田で耕作している。普通米のほか、赤米や黒米などの古代米も栽培している。小学生を対象とした「古代体験ツアー」なども実施している。

加工にも乗り出す

「萩の会」は続いて、二〇〇一年にブルーベリーの栽培と加工を担う「ベリー部会」を発足させた。匹見町では当時、ブルーベリーの試験栽培が進められていたのだが、運営が芳しくなく、町から木の処分を依頼されたのがきっかけだった。町との相談を経て、「萩の会」でブルーベリーの管理を引き継ぎ、地元産品として育てていくことになった。

二〇アールの敷地に、約三〇〇本のブルーベリーの木が植えられた畑で、年間二トンを収穫している。雪害対策も自分たちで行う。さらに加工場を圃場に隣接して設置し、「わがままばあちゃんの自信作」と銘打ったジャムを生産、年間五〇〇〇瓶以上を販売している。そのほかブルーベリー果汁を練り込んだ餅菓子「ベリー餅」を開発、ゆうパックの「ふるさと便」で全国に発送している。また、雪舟山荘では「イノシシのベリー煮」なども提供していた。

ブルーベリーの収穫は、メンバーが好きな時間に来て、好きなだけ摘み取るするというスタイルをとっている。摘み取りや草刈りの作業賃金は、自己申告で作業時間を記録し、時給で支払われる。高齢のおばあさんも、昼寝をした後にゆっくり畑にやって来て摘み取りや加工に従事する。「ブルーベリーのお給料で、孫たちに何か買ってやるのが楽しみ」と、メンバーたちはみな明るく作業に励んでいる。

「萩の会」ではさらに、なめこの加工にも取り組んでいる。町が特産品の「なめこ」のうち、規格外のものを「乾燥なめこ」として販売しており、これを仕入れてオリジナルの佃煮を作っている。ブルーベリージャムとセットで人気を呼んでいる。

このように、女性を中心とした「萩の会」は、民宿運営や加工を通して集落の活動を広げ、「住民全員が生涯働きがいと生きがいを持てる地域の仕組み」を形成してきたのであった。

二〇〇五年に法人化

一九九八年の発足当時は、集落の全員が「萩の会」に参加していたわけではなかった。しかし、齋藤さんたちは粘り強く話し合いの場を設け、やがて集落の全員が加わるようになった。そして二〇〇五年「萩の会」は法人化を遂げ、当時八〇歳だった齋藤さんが代表取締役社長に就任した。齋藤さんは八六歳となった現在も現役で、おそらく全国の女性社長のうちでも最年長ではないかと思う。

法人化からまもない二〇〇六年、雪舟山荘の持ち主がUターンで帰郷することになり、民宿を続けることができなくなった。だが、「空き家のない集落にしよう。出身者が戻って来たい時に故郷が存続しているようにしよう」という民宿開設の目的は、すでに達成されていた。雪舟山荘はその役目をまっとうし、幕を閉じた。

民宿廃業をきっかけに、「萩の会」は地元の食材を提供する新たな場を設ける。二〇〇七年五月にオープンした「萩の舎」である。「もてなし・体験・特産品の館」と銘打ち、建物も県と市の支援を受けがながら、材料調達、設計、建築まで自分たちで手がけた。現在では、郷土料理によるもてなし、ブルーベリーの収穫や炭焼きの体験、川遊びなどが楽しめる交流と体験の拠点として人気を集めている。

地元唯一の中学校である匹見中学校の生徒たちとの交流も、「萩の会」の重要な活動だ。「総合学習の時間」にメンバーが地域講師として出向き、匹見町の歴史や文化を子どもたちに伝えている。また、一九七一年以来、姉妹都市関係を結んできた大阪府高槻市との交流にも、中学生たちとともに携わっている。高槻で毎年盛大に催される高槻まつりでは、会の指導を受けた中学三年生たちが匹見はじめ石見地域に伝わる石見神楽を上演したり、匹見町の特産品を販売するなど、文化と産業の交流を深めてきた。

こうして「萩の会」は、民宿、郷土食の提供、特産品の開発、体験交流事業などに踏み込み、活動の幅を広げてきた。その過程で、集落の全員参加を実現させ、法人化も果たした。とりわけ集落ぐるみで事業に取り組む「集落ビジネス」によって、地元に仕事と働きがいを創出している点は、高齢社会や中山間地域の未来にとって重要な示唆を含む。今後も萩原集落は、高齢者や農村女性の生きがいづくり、就労の場の確保、持続的な集落づくりのために、創造的な活動を深めていくことになろう。

齋藤さんは今後の計画について、「田舎暮らし体験を柱とした体験型ツーリズムや、学校給食や病院給食の提供をつうじた地産地消の体制づくりに取り組みたい」と語る。その力強い言葉に、集落の将来像がみえるようである。

人口減少と高齢化が進む中山間地域では、新たな仕事の創造、誰もが長く働き続けられる仕組みの形成が求められている。匹見町の萩原集落と「萩の会」の事例は、そのような課題における女性たちの役割の重要性、女性起業の意義を雄弁に物語っている。

(2) 女性のリーダーシップで地域の伝統に新たな息吹を

匹見町は匹見上《かみ》、匹見下《しも》、道川と大きく三つの地区から構成されている。先の萩原集落は匹見上地区にある。一方で最南に位置し、広島県安芸太田町に接する道川地区は、中国山地の脊梁部分に位置する豪雪地帯で、かつては域内で最も辺境の地であった。だが、国道一九一号線が開通（一九七〇年に益田〜広島間が開通）して以後は、逆に匹見町で最もアクセスの良い地域となった。

道川地区には、江戸時代、いくつかの村を統轄する割元《わりもと》庄屋としてこの地を治めていた美濃《みの》地《じ》家の屋敷が残されている。中国山地一帯で盛んであったたたら製鉄の差配もしていただけあって、屋敷の壮大さには目を見張るものがある。町ではこれを改修し、地域の文化財として保存するとともに、民具なども展示する民俗資料庫としても活用している。

この地域文化財としての美濃地屋敷に、女性たちがさらなる魅力を付与した。地元のリーダー三好成子《しげこ》さん（一九三八年生まれ）が中心となり、屋敷を用いて地元食材を使った精進料理を提供している。

地区振興センターと婦人会

三好さんは道川地区振興センターの公民館長も務めている。「地区振興センター」は益田市の地区ごとに配置されており（現在市内に二〇カ所）、公民館の機能と住民のニーズにきめ細かく応える「小さな行政」の機能をあわせもつ。地域自治の拠点として、その地区ならではの個性的な取り組みを発信していくことが期待されており、そこから興味深い取り組みが生まれつつある。(3) 第1章で取り上げた「地域自治組織」を行政主導で組織化し、そのため行政的機能の面が強化されたケースとみなすことができる。「地域自治」のかたちは、自立と自治を基本としながらも、それぞれの地域に即して多様化しているようである。

道川地区での女性たちの団結は二〇〇五年に始まった。美濃地屋敷が所有者から旧匹見町（現益田市）に寄贈されたことがきっかけだった。翌〇六年四月には地区の婦人会で、この屋敷を活用して何か新しいことをしようと相談が始まった。動きが素早く、その二カ月後の六月には精進料理の提供をスタートさせている。三好さんは、まず地元のお年寄りにも参画してもらえる仕組みとすることを考え、地区の女性たちに声をかけていったのであった。

匹見の食材を活かす

また、屋敷内には美濃地家代々伝わる貴重な漆器やお膳が保管されていることが判明した。二五〇年もの間、使用されていなかったが、保存状態がよく、そのまま活用できそうであった。この器を使用し、地元の食文化を発信していこうというアイデアが持ち上がる。歴史ある屋敷の母屋を会食場所とし、伝統食器に地元の旬の食材を盛りつけ、道川ならではの精進料理を提供しようということになった。

三好さんがリーダーとなり、調理師免許を持つ女性たちを中心に四人で「道川精進料理の会」を結成。メンバーは六〇～七〇歳代であり、八〇歳代も現役で働いている匹見町では「若手」のグループといえる。事業を始めるにあたり、みなで広島県や山口県の寺の精進料理を食べ歩き、研究を重ねた。それをもとに献立案を作り、地区の自治会の役員を招いて試食会を実施しながら、品目や構成の種類を増やした。

美濃地邸食の会食の様子

野菜や山菜、米、豆・穀類など、地元産の食材を活かした精進料理一〇品目ほどが膳をにぎわす。季節の旬を採り入れ、構成は随時変え、「美濃地邸食《ていしょく》」と名づけた。料金は、食後の抹茶と匹見で採れた農産物などのお土産がついて一人三五〇〇円である。

精進料理を出すといっても、本格運営するのは地区の体力に見合わない。そこで、月例会の形式で実施している。二〇〇六年のスタート時には月一回から始めたが、好評で各回満員が続いたため、やがて月二回に増やした。以来、雪深い冬季の一～三月は休みとし、四～一二月の間、月二回の予約制で運営している。また、美濃地家伝来の食器や膳が一八器しか揃わなかったため、一回につき一八人限定としている。現在では先々まで予約が埋まっている状態である。

女性によるリーダーシップが地域を変える

「美濃地邸食」は昼の一二時からスタートし、食事の前には、三好さんが献立について匹見の特徴とともに解説してくれる。野菜は地元のお年寄りたちが手間暇かけて作ったものを中心に仕入れており、高齢者が地域で農業を続けていく励みともなっている。何よりも、高齢農家に現金で支払う効果が大きい。元教員だったリーダーの三好さんは、匹見の人びとから「三好先生」と愛着を込めて呼ばれている。匹見小学校や三葛《みかずら》小学校などでは校長を務めた。一九六三年の「三八豪雪」に遭ったのも教員時代で、受け持ちの生徒たちが家族とともに離村する姿も見届けてきた。

教員生活を終えた後、二〇〇六年には「しまね田舎ツーリズム」（しまね田舎ツーリズム推進協議会主催、事務局は島根県しまね暮らし推進室）に参画し、自宅を「民泊三四四《みよし》」として開放するなど、匹見町の交流活性化にも尽力してきた。そして今、三好さんは「かつての道川地区は陸の孤島だった。こうして人が集うようになり嬉しい」と話す。

三好さんは、「美濃地邸食」の会食日には地区振興センターの仕事を休むようにしている。しかし、「道川精進料理の会」も地域振興活動なのだから、有給扱いとするべきなのでは、と言ってくれる人もいる。

地区振興センターの仕事では、配布物を各戸に配る仕事が一番、骨が折れる。六集落からなる道川地区には七五世帯、一七三人が住んでおり、うち最も小さい集落は広島県境に近い臼木谷《うすきだに》集落で、五世帯の限界集落である。センターでは配布の際に地区内の全集落をもれなくまわることで、人びとの生活を見守っている。道川地区の高齢化率は五〇・九％と極めて高く、地区全体が限界集落化しているなかで、地区振興センターの存在は極めて大きい。とくに高齢単身世帯にとって、生活基盤の上でも精神的にも支えとなっている。そして、その高齢単身世帯の多くがやはり女性である。

こうした地区振興センターの見守りに加え、高齢女性たちの力を結集し、「食」を軸に地域の伝統を新たな形で甦らせた「美濃地邸食」も、高齢化が進む道川地区の地域振興の柱となった。現在では多くの人が訪れるようになり、自立への確かな歩みを始めている。道川地区の女性たちの知恵と行動力で、過疎の町ににぎわいが生まれ、地域内に高齢者が安心して元気に働き続けられる仕組みが築かれつつある。

(3) 廃校舎を活用し地域資源の加工を

匹見町にはもう一つ、活力ある女性のグループがある。匹見下地区でとちの実の加工などに取り組む「内谷《うつだに》とちの実会」である。匹見下の最西部にある石谷地区の内谷集落は、かつて木材生産や炭焼きをはじめとする林業で栄えた。地元の石谷小学校は、林業最盛期の一九五八年には児童数一二七人を数えたが、一九六三年の「三八豪雪」により離村が相次ぎ、一九八九年には廃校となった。[4] 閉校時の児童数は三人であったとされる。匹見の典型的な過疎集落である。

「内谷とちの実会」は、この石谷小学校の廃校舎の一部を餅加工場として利用しながら、地域振興活動を深めている。

手間暇かけて加工

不老長寿の効用があるとされるとちの実は、標高六〇〇～七〇〇メートル以上の山間部に自生しており、「とちの実会」では集落の山でその実を集め、とち餅に加工している。ゆうパックの「ふるさと便」による全国発送を始めたところ、口コミで評判が広がり、固定客を増やしてきた。

女性たちが加工に踏み込むきっかけとなったのは、匹見町で毎年一回開催される産業祭であった。内谷集落の女性たちが集まり、一九八四年から二度ほど産業祭に出店、試食販売したところ好評で、その後に町内で開かれるさまざまなイベントに出向いて販売するようになり、人気を集めていった。

こうして手応えを重ねるなかで、一九八七年に現在会の代表を務める村上巴《ともえ》さん（一九四六年生まれ）ら有志八人で「内谷とちの実会」を結成。現在メンバーは四人で、それぞれの夫たちが配達で活躍してくれているので、実質的には夫婦四組・八人で活動している。このように女性たちの地域活動は、事業性を帯びるに従い、男性陣も巻き込まれるような形で参加するようになるのがひとつの特徴である。

とちの実の加工は手間と時間のかかる大変な作業である。実が熟成し始める秋口になるとメンバーたちが山に入って拾い集め、まず天日に干して乾燥させる。乾いた実を湯に浸して戻し、皮をむく。

ここから灰汁《あく》抜きの作業に入る。とちの実の皮にはタンニンが多く含まれ、残っていると渋味の元になるため丁寧に取り除く。皮をむいた実を木灰に入れ、熱湯をかけてしばらく置く。これを川に四～五日さらし、冬場の凍てつく川で三度ほど作業を繰り返す。雪のなかの重労働である。毎年、こうして約一五〇キログラム分のとちの実を用意する。

こうして渋を抜いたとちの実を、もち米と一緒に蒸し、蒸し上がったものを杵でついて、ようやくとち餅の完成である。出来あがったとち餅は冷凍加工しておく。実の採取から完成まで、九月から三月あたりまで冬場を通して行う。この地域は豪雪地帯で冬場は仕事がなかったのを、とち餅の加工によって自力で仕事を育んできたのであった。

一九九一年からゆうパックの「ふるさと便」による全国配送を開始、一ケース二八個入りを年間四〇〇ケースほど出荷している。会ではとち餅の他にも、もち米だけの餅やよもぎ餅も作っており、セット商品も「ふるさと便」に入れている。広島県からの注文が最も多く、大阪にも固定ファンが何人かいる。また、全国配送だけでなく、一パック六個入り五〇〇円で、先に述べた町の産業祭や匹見町温泉の朝市に出店したり、ＪＲ益田駅前のスーパーに出荷するなどして、年間売上五〇〇〇万円に達している。

「田舎ツーリズム」にも参入、新たな活動へ

「とちの実会」のメンバーたちは時給六五〇円で働いている。加工場としている廃校舎は益田市の保有であり、使用料月一〇〇〇円を市に支払っている。加工場の年間稼働日数は一〇〇日を越える。二〇〇〇年には餅つき機を導入した。それまでは餅つきを男性陣が担っていたのだが、評判をよぶにつれて加工量が増えたためである。機械導入にかかった二〇〇万円については、半分は島根県の女性起業を対象とした支援助成を受け、残りの半分は農協から借り入れた。男性陣は今では各所への配達を担ってくれている。

こうして女性を中心に夫婦八人、力を合わせての「小さな加工」が事業化するに伴い、新たな動きも出てきた。代表の村上さんは、二〇〇九年六月から「しまね田舎ツーリズム」に加盟し、民泊を始めた。匹見町内では三好さんに続き二件目の民泊である。宿の名前は「内谷とちの郷《さと》」とし、宿泊者に対し「とちの実会」で餅づくりなどの体験事業も提供している。会と外部との交流が始まっているのである。

それまで匹見町の収入源は「わさび」「米」「牛」の三つにすぎなかった。だが、内谷集落の「とちの実会」の活動をきっかけに、町の産業が強化されつつある。とち餅をはじめとする加工に加え、民泊によって集落に外部から人が来ることで、都市・農村交流や観光面での新たな展開も期待できるようになった。

村上さんの暮らす内谷集落は戸数三四戸、住民四四人であり、六五歳以上の人が六割を超すいわゆる「限界集落」である。そこで女性たちが仕事を生み出し、育んできた。自立の芽を女性たちがもたらしたといえる。

(4) 高津川流域の「小さな産業化」と「石見の女性起業」

中国山地のなかでも最も条件不利とされてきたのが、島根県西部の石見《いわみ》地方の中山間地域である。ここまでみてきた「過疎発祥の地」匹見町も、この石見地方に属する。その石見の西をおよそ一〇〇キロメートルにわたって流れる高津川は、日本有数の清流であり、ダムのない一級河川として知られる。流域は冬場は雪が深く、高度成長期には住民の離村が相次いだが、「都市の引っぱる力」に抗いここに残った人びとは、流域の地域資源を活用し、特産品化を図り生計を立ててきた。

島根県は東の出雲地方から西の石見地方にかけて砂鉄が多く採れ、古くからたたら製鉄が盛んであった。たたら場や鍛冶屋で使う炭もまた、上流域の山の恵みを受けた産物の代表であろう。中国山地では砂鉄や炭を製造する仕事、運搬する仕事などが盛んであった。そのため、牛も多く飼われていた。牛は農耕用だけでなく、運搬用にも使われていた。

高津川流域は、複雑な地形でありながらも、実にすみずみまで道や索道が付いている。近代化以前の中国山地ではたたら製鉄の繁栄のもと、物資運搬の仕事が生業として重要な位置を占めていたと思われる。匹見町には木材を運び出すために、貨物専用の索道が付けられ、戦後の一九五一年まで活用されていた。

今でも、こうした産業の断片が名残としてある。炭焼きの仕事は細々とではあるが続けられ、この地では牛を飼っている農家も多い。山の仕事は、薪炭、畜産の他にも、椎茸などのキノコ栽培、広葉樹林を活かした木工、わさび栽培など「山の仕事」が脈々と受け継がれている。

規模は縮小しながらも、山の仕事は地域に「残った人びと」によって担われてきた。これらを基盤に条件不利を乗り越えるさまざまな取り組みがなされてきた。匹見町ではわさび栽培となめこ生産の高度化、美都《みと》町

（現益田市）ではゆずの栽培と加工、柿木村《かきのきむら》（現吉賀町）では有機栽培と、町村ごとにそれぞれの道を深めていったのであった。

これらはいずれも、流域の自然の恵みを受けながらの「小さな産業化」といえる。同じ流域内でこれだけバラエティ豊かな産業が営まれているのは、隣り合う地域で互いに切磋琢磨を重ねた結果、うまく棲み分けがなされたということかもしれない。

かつて、山の仕事は採取経済が基本であった。人びとは山で採れた産物をそのまま町に運び、換金し、そのお金で生活物資を購入していた。だが、高津川流域では過疎化をきっかけとして、採取経済のままでは縮小するばかりだという危機意識が高まり、産業化への主体的な取り組みが深まっていったように思われる。栽培や加工を中心とした「小さな産業化」は、過疎化という地域の危機を乗り越えるための攻めの動きであったともいえよう。

高齢の女性たちが地域に自ら仕事を生み出し、地道な経済活動と交流を重ねているのも、こうした「小さな産業化」が基盤にあるからこそといえる。

そして、石見地方はとりわけ女性たちの自立心が旺盛だといわれ、女性起業が盛んな土地柄である。なかでも、ここで紹介した「萩の会」の齋藤ソノさん、「道川精進料理の会」の三好成子さん、「内谷とちの実会」の村上巴さんの活動は「匹見三女性」と呼ばれ、島根県の女性起業の代表格とされている。三人とも地区が異なっているが交流が深く、イベントなどで同席することも多い。互いに敬意を寄せ合い、切磋琢磨してきた仲であろう。こうした「石見の女性起業」のエネルギーが、高津川流域の「小さな産業化」を牽引しているようである。

表3－3　農産物加工のいくつかの類型

大　別	主　体	特　徴
農家の「小さな加工」	農家女性	農家の生きがいと所得の創出。地域の豊かな食文化の発信。味噌，餅，パン，惣菜などをグループで加工するケースが多い。
「地域資源活用」による加工	地域の生産者，地域ぐるみ	地域資源を活用した食品のブランド化。農産物そのものと加工品との連動効果を狙う（ゆず加工などが典型例）。
「農商工連携」による加工	農業者と中小企業者，食品加工業	農商工連携に基づき，複数の事業者が共同で新しい加工品を開発製造。従来なかった商品を提案。市場は全国規模。

3　女性起業の経営のかたち

続いて、経営の視点から女性起業についてみていくことにしよう。

中国山地の女性起業の主軸は「小さな加工」、すなわち農産物加工である。表3－3にあるように、近年ではその形態に多様化がみられる。なかでも「地域資源活用」によるもの、「農商工連携」によるものなど、いわゆる六次産業化が注目を集め、政策的支援の厚みも増してきた。

各類型の特徴として、「地域資源活用」や「農商工連携」による加工では、新商品によって他地域との差異化を図ることが重視されるのに対し、農家（主に女性たち）の「小さな加工」では惣菜や味噌、餅や菓子など、地域のごく普通の伝統食が基盤となっている。

また「地域資源活用」や「農商工連携」では、自治体や商工会等がコーディネートして、行政が予算をつけ、企業と共同で全国規模の販売ルートを確立していくことが不可欠となる。事業化を目的とするため、軌道に乗せるまでには多くの労力が伴う。

それに対して「小さな加工」は気負わずに地域内の仲間たちで「小さく」始めることができる。加工の場所も、もともと地域内にあった施設（廃校舎や給食センタ、農協の加工場等）を有効活用するケースが多い。流通ルートも、域内および周辺地域に限定するか、宅配・通販システムを利用して全国規模にするか、グループの意思に応じて決めることができる。

以下では、この「小さな加工」における組織運営や商品開発の方法に着目しながら、女性起業の経営展開の特徴についてみていきたい。

組織と資金の形態

女性起業は多くの場合、身の丈に合ったところからスタートし、次第に活動を発展させていく。

第一段階では、少人数の有志が中心となって直売所や加工場を設置し、収入を得ながら、コミュニティが形成されていく。第二段階では、行政や農協、商工会などから支援を得ながら、新たな加工施設の導入や販売ルートの開拓によって事業を本格化させたり、農村レストランや交流活動に踏み込むようになる。さらに第三段階では、全国市場に向かうケースや専門化しながら企業経営の性格を強めていくケースがみられる。

こうした発展形態を踏まえ、女性起業を経営の側面から捉えると、次のような分析視覚を設けることができよう。

① 組織……任意組合／法人化
② 資金……公的支援を受けている／借り入れをしている／自己資金のみ
③ 販売……直売所やイベントなどを軸とする地域密着型／商品を高度化した全国市場型
④ 商品開発……既存の伝統的食材が基盤／新商品の開発に着手
⑤ 多角経営……加工・販売のみ／受託加工、レストラン、宅配事業などに多角化

まず組織については、任意組合か法人化しているかによって、事業体としての性格が異なってくる。任意組合の場合、働きがいや生きがいなど持続性への志向が強い。活動開始時のメンバー同士が互いに年を重ねながら、無理をせず事業を続けていく。むろん「小さな加工」の原点はここにある。そうした任意組合が、事業の展開につれて法人化すると、経営の進化を目指すことになる。出資をつうじてメンバーたち各自に「経営責任」の意識が芽生え、それが商品開発や販売方法のさらなる展開を生むことにもつながる。

資金については、ほとんどの女性起業が何らかの公的支援を受けている。起業時の自己資金（メンバー有志の共同出資）に公的支援による補助金を加え、加工施設などを整えるといったパターンが多い。ただし、公的支援を活用できるかどうかは、当該地域の自治体や商工会などの支援体制に左右される。自ら出資して経営に参画しているメンバーが多いほど、経営の自立性は高くなるが、条件不利地域での起業を後押しする支援体制の役割は大きい。

その際、自治体や支援機関の側には、単に補助金を支給して終わりというのではなく、その後のステップアップを共に考えていく帆走者としての役割も求められる。アイデア段階から事業化、さらなる多角化をつうじた事業拡大へと、発展の段階ごとに支援の内容も当然異なってくるであろう。

販売・商品開発・多角化

販売方法は大きく二つの方向に分けられる。直売所やイベントでの販売を主とする「地域密着型」と、通販などに力を入れる「全国市場型」である。実際には道の駅や農産物直売所に出荷したり、地元のイベントなどで販売する「地域密着型」がほとんどであるが、法人化すると「全国市場型」に向かう例が多いようである。

さらに、「地域密着型」に加えて近郊の都市に販売網を広げる「広域市場型」なども見受けられる。総じて、事業性を帯びるほど、販売網も拡大していく傾向があるといえる。

商品開発については、多くの事業体が試みられているが、それによって商品のラインナップを大きく入れ替えることは少なく、創業時の思いのこもった商品を継続的に作り続けるケースがほとんどである。道の駅や直売所などで評判を得ながら、地域の「顔」となった商品も多い。

そして、新商品開発をきっかけに経営の多角化に向かっていくケースもしばしばみられる。匹見町の「萩の会」は、料理教室と民宿から始め、ブルーベリーやなめこの商品開発を経て、特産品販売と交流の拠点づくりに向かった。直売所や加工からスタートし、農村レストランに進むグループもある。

そして、事業拡大や経営多角化と同時に、組織の再編がみられるようになる。例えば、味噌部、惣菜部、菓子部といったように、加工品別の事業部制とすることにより、部の長となったメンバーに責任者として自覚が芽生え、組織としての機動性も高まる。

事業を維持させていくということは、当初の形で営み続けることを指すのではない。むしろ、時には新しいことを採り入れながら、その都度、最適な仕組みや方法を模索していくことであろう。販売ルートや新商品の開発、経営の多角化いずれにおいても、自分たちのやりたいことや市場のニーズを的確につかむ洞察力と、アイデアを形にしていく実行力の双方が求められる。中国山地の女性起業は、そのような場面で常にメンバー同士が知恵を出し合い、考え、工夫することで、新たな領域に挑戦し続けているのである。

リーダーの役割

リーダーたちの役割についても強調しておきたい。女性起業の多くは階層的な組織でなく、メンバー同士がフラットな関係を保っているように見受けられるものの、やはり事業推進の場面ではリーダーの役割は大きい。リーダーは経営者としての顔を持つ一方で、事業を進める際には一人突出したリーダーシップを発揮するのではなく、こまめに運営会議（お茶のみ会）を開くなどして、常にみなの意見を取り入れながら事業を推進している。新しい商品をどう開発するか、地域のイベントに何を出品するか、売れる仕組みをどう作っていくかなどについて意見を交わす。また、行政ともこまめに情報共有しながら、事業展開にあたり補助金などの支援を仰ぎつつ、次なる展開に向けてグループを牽引していく。

女性起業に共通してみられるのは、「私益」ではなく、「公益」を追求する姿勢であろう。地域や集落が持続していくこと、住民が安心して元気に暮らせることを何よりも重視している。一方で当然、慈善事業ではないため、「公益」ばかりを追うと、事業を継続させていくことはできない。メンバーたちが働きがいや生きがいを持ち続けられるよう、何らかの目に見える形でのインセンティブも必要になってくる。

「事業をしていて何が楽しいですか?」と聞くと、多くの人たちが「みなで旅行に行くこと」と答える。事業で得られた収益で旅行や視察に出かけるグループは少なくない。これがメンバーたちにとって大きな励みとなり、次の年も事業を続けていくことができるという。やる気を継続させていくためのこうしたインセンティブは、旅行だけでなく色々な形態がありうるだろう。リーダーはインセンティブを分かりやすい形でメンバーに話し、共有していくことが求められる。女性起業のリーダーは視野が広く、そうしたセンスに長けているようである。

冒頭でみたように、女性たちが加工場や農村レストランを営む理由は、地域活性化という大義名分だけではなく、自分たちの労働を正当に評価してもらいたい、そして年老いた時に笑顔でいられる場が欲しいというものであった。それは、特別に大きな事業として起こしてきたのではなく、地域の慣習や文化のなかで受け継がれてきた食事づくりをベースにしている。そうした地域の「食」を地域外の人にも提供して、経済活動に入っていくことによって、農山村の新たな可能性を切り拓いてきたのであった。

4　地域で働く女性たち

中国山地では近年、女性起業が駆動力となって、長らく抑圧的で閉鎖的とされてきた農村社会に変容をもたらしつつある。もはや農村は閉鎖的な場ではなく、新たな関係を築く創造的な場となってきた。農村の価値観の逆転は、女性たちがもたらしたといってもいいだろう。

そこで本章の最後に、女性史の視点もふまえつつ、地域産業における女性起業の意義について触れておきたい。

女性を取り巻く社会環境の変化

一般に日本の企業社会において、女性たちの労働は「短い勤続」「定型的・補助的な仕事」「低賃金」という、三つの点に代表されてきた。しかし、日本的経営システムがゆらぎ、男女の雇用機会の「均等」といった価値観が一応は流布したことによって、こうした様相だけではもはや捉えることができなくなった。女性たちの労働は階層性を伴いつつ多様化しつつあるといえる。(5)

かつて、職場では「男性の仕事を支える女性」、家庭では「家事を担いつつ補助的な稼ぎをする女性」という男性主体の男女共生システムが色濃くあった。もちろん性別役割分業は、ある程度、現在でも残っているが、こうした意識は完全にゆらぎつつある。

表3－4　島根県の繊維・衣服の事業所数推移

	繊維・衣服合計		繊維				衣服			
	事業所数	従業者数（人）	事業所数	従業者数（人）	男性（人）	女性（人）	事業所数	従業者数（人）	男性（人）	女性（人）
1970年	174	9,736	66	5,816			108	3,920		
1980年	382	13,707	100	5,441	1,053	4,346	282	8,266	850	7,300
1990年	587	16,929	150	5,694	1,260	4,391	437	11,235	1,265	9,842
2000年	298	6,986	19	1,007			279	5,979		
2007年	169	3,586	10	641			159	2,945		
2010年	149	3,297								

注：①繊維は「繊維工業（衣服その他の繊維製品を除く）」，衣服は「衣服その他の繊維製品製造業」。
②1970年は全数，1980年以降は4人以上の事業所のみ。
③1980年と1990年男女の合計は全従業者数と合致しない。
④2008年以降，「繊維」「衣服」が統合され「繊維」となった。
⑤2010年のデータは速報値。
出所：『工業統計表』各年版より作成

それは、企業社会だけでなく、農村社会のなかでも多かれ少なかれ同様であるが、職務の種類が著しく限定されている農村においては、「女性起業」が女性の一つの職業ルートとして大きく台頭してきたと捉えることができる。その要因はいくつかあるが、うち内在的な要因としては、先に述べたような女性の農作業からの解放、コミュニティや「居場所づくり」の側面が大きい。また、女性起業の主たる担い手である五〇～七〇歳代の世代は、「団塊の世代」を中心に人口が多く、社会構造に対する影響力が大きいことも指摘しておきたい。

地域産業論の視点からみた女性起業台頭の要因

女性起業が台頭している外在的な要因としては、第一に、産業構造の変化によって女性の就業の場が縮小したことが挙げられる。かつて農村女性たちの主要な職場であった縫製工場の閉鎖・縮小に伴い、病院や介護施設を除いて女性たちが働ける場はほとんどなくなってしまった。とくに山間部では安価な土地と労働力に支えられ、繊維工場を中心に女性就業の場が多くあった。

これを島根県の状況から考えてみよう。**表3-4**によると、島根県の繊維・衣服関係の事業所数は一九七〇～八〇年代にかけて伸び、九〇年にピークを迎えた（繊維一五〇社、衣服四三七社、繊維・衣服の従業者合計約一万七〇〇〇人）。八〇年以降は四人以上の従業者を擁する事業所のみのデータなので、三人以下の小規模事業所を含めればより多かったものと推察される。だが、八〇年代半ばを境に海外への移転などが進み、右下がりに減っていった。それでも、島根県は国内最後の縫製基地として機能し、事業所数も九〇年までは増加基調を示していたが、二〇〇〇年代に入ってからの減少は著しい。二〇一〇年には計一四九社、約三三〇〇人にまで縮小している。一九九〇年から、繊維・衣服あわせて、島根県内だけで四三八社が消滅、約一万三六〇〇人以上もの雇用が失われたのであった。

兼業農家の傍らで、縫製工場でパート勤めをしていた女性たちがいかに多かったかを物語っている。だが時代の流れのなかで、安価な縫製関係は中国やアジアに流れ、島根県に限らず、中国山地の農山村では広く同様の空洞化がみられた。しかし結果として、こうした地域雇用の減退が、女性起業による内発的な動きを喚起したと考えられるのである。

第二に、高齢化が進み農地の管理ができなくなった地域の多くが「集落営農」に踏み出していることも、女性起業にとって追い風となっている。地区の農地を集約させ、少数の担い手が耕作を行う。機械の共用化や作業従事者を少なくして農業経営を効率化させると同時に、農作物に付加価値をつけて販売していく。前章でみたように、集落営農により女性たちが農作業から開放されたため、新たに加工などの事業に踏み込むケースが少なくない。とくに広島県や島根県などの中国地方では、高齢の兼業農家がほとんどのため、こうした形の集落営農とそこから派生した女性起業がよくみられる。

さらにいえば、かつて縫製工場をはじめとする就業の場があったことで、中国山地の高齢女性たちには厚生年金の受給資格を有する人が多く、事業を起こすうえで、経済的なリスクを多少なりとも軽減できたことも指摘できる。
以上のような内在的・外在的な複数の要因が絡み合い、中国山地では女性起業の存在感が増してきた。女性たちの活動が社会の変化を映し出していることがわかる。

みながみな「自立」を目指し、地域を先導しているわけではない。しかし、仲間たちと一緒にこの土地に最後まで住み続け、この土地で働き続けたいという「覚悟」と「思い」、それぞれの内面から突き上げるように生まれる欲求が、結果的に地域を自立に導きつつある。

女性起業はそうした個人の内面から生じた欲求による産物であるがゆえ、社会に対するインパクトは大きい。内発的な地域産業振興が目指されて久しいが、女性たちのこうした動機をもとにして、創造的な産業おこしが進みつつある。

また、女性起業により地域コミュニティが豊かになりつつあることの社会的意義も大きい。昨今の日本社会に影を落とす孤独な「無縁社会」とは逆の様相を示している。社会関係資本（ソーシャル・キャピタル）が豊かなのは、こうした女性起業が盛んな農山村や中山間地域といえるのではないか。

女性起業は農山村や中山間地域の産業や社会経済を支える基盤であり、超高齢社会時代においてその存在感はますます大きくなっていくであろう。

（1）丸岡秀子監修『変貌する農村と婦人』家の光協会、一九八六年。また、農村女性問題研究会編『むらを動かす女性たち』家の光協会、一九九二年も参照。
（2）匹見町の取り組みについて詳細は、関満博・松永桂子編『「農」と「モノづくり」の中山間地域――島根県高津川流域の

「暮らし」と「産業」』新評論、二〇一〇年を参照されたい。
（3）例えば、益田市真砂地区では公民館活動をベースに、多彩な地域活動を展開している。地区内に真砂農産物加工センターを設置し、伝統的な方法で豆腐を製造、市内のスーパーで販売するなど、地区の魅力を内外に発信するユニークな活動を行っている。詳しくは、関・松永編、前掲書を参照されたい。
（4）匹見町誌編纂委員会『匹見町誌 現代編』山陰中央新報社、二〇〇七年を参照。
（5）熊沢誠『女性労働と企業社会』岩波新書、二〇〇〇年。能力主義管理が進み、女性の働き方が多様化した一方で、変わらない職場の性別役割意識に不満を抱きつつ働く女性たちの姿を描き、それに対抗する営みについて論じている。

◎**資料――半世紀前の匹見町の姿**（中國新聞社編『中国山地』上巻、未來社、一九六七年、四一－四三頁、「六戸の結束」より引用）

「石見、匹見、広見といいましてなあ」島根県美濃郡匹見町で、土地の人が自嘲ともとれるような口ぶりでいった。「石だらけの石見という意味でしてねえ」その人は説明を続ける。平野に恵まれた出雲地方に比較して、山地ばかりの石見地方には島根県の辺地というイメージがあるらしい。その石見の辺地が匹見町、そのまたいちばん奥が広見集落なのだそうだ。［…］

広見の家は、小学校を中心に、匹見川に沿って点々と続く。およそ二〇戸。しかし、ひっそりと静まり返ってほとんどの家に人の気配がない。朽ちかけたわらぶきの屋根、かたむきかけた軒、伸びほうだいの庭木、寒々としたあき家がひどく目立つ。［…］

ともかく、上、中、下の三部落にわかれてそれぞれ冠婚葬祭をやっていた広見だが、わずか六戸になるとなにをやるにも総出でやらなければならなくなった。これ以上減ったら部落は崩壊するというギリギリの危機感が、六戸の結束を強いものにした。「みんなが現金収入をえるために」という長老格の甲佐直市さん（七八）の提案で、三九年五月、広見ワサビ生産組合が発足した。日当、一二〇〇円、月に一〇日以上の出役が義務づけられているから、月に最低一万二〇〇〇円を組合が保証していることになる。組合は六戸のものだから、失敗すればマクラを並べて討ち死にだ。「毎日顔を合わせ、同じ仕事をし、いっしょに借金しながら助け合っていれば、親類以上のつき合いになりますなあ」久留須さんのことばは、六戸が再び共同体的生活を取り戻したことを物語る。［…］

共通の目標は、広見の戸数をもう一度三〇戸以上にふやすことだ。そのためには二つの意見がある。六戸の結束を乱さなければだれでもあたたかく迎え入れようという意見と、六戸とその分家によって過去の繁栄を取り戻そうという考え方。後者の考え方には、それができれば誰も異論がない。「われわれの子孫たちが、この広見に誇りを持ち、りっぱに生活できるように経営の規模を広げよう」という意見にもみんな賛成である。いくらか時代錯誤の感じもあるが、きびしい自然の制約に耐えた六戸の強い連帯感からは、当然の発想かもしれない。

第4章

「地域型社会的企業」の台頭——住民出資で自立に向かう

これまでみてきた「地域自治組織」「集落営農」「女性起業」は、農山村や中山間地域で「社会関係資本（ソーシャル・キャピタル）」を築いている存在といえる。

農山村ならではの地縁をベースとした社会関係資本に、住民主体の「自治」と「自立」の要素が、時代に沿ったかたちで加味されている。

二〇世紀が工業化による経済成長の時代だったとすれば、二一世紀は「脱成長型の豊かさ」を追求する時代となろう。「豊かさ」の基準は人によって異なるのは当然だが、人びとの「希望」を導いていくような要素であり、そうした「豊かさ」を醸成していく基盤を社会関係資本（ソーシャル・キャピタル）と位置づけることができる。

一方、日本経済が成熟期を迎えたなか、企業やビジネスをめぐる価値観も大きく転換しつつある。企業は成長期のように「私益」だけを追求するのではなく、「公益」の向上にも取り組むべきという考えが広く共有されるようになってきた。人口減少、高齢化をはじめ、現代社会の複雑で困難な課題に取り組む企業も増えている。

こうした経済の価値観の変化に呼応し、「社会的企業（ソーシャル・ビジネス）」が次第に注目を集めるようになった。とくに二〇〇〇年以降に目立ち始めた新しい動きであるが、すでに農山村では地域社会経済に根差した存在となりつつある。

本章ではこの「社会的企業」に焦点を当て、それがどのようなビジネスを築きながら、地域の社会関係資本の創出に関わっているかをみていくことにしたい。

1　現代の地域課題と社会的企業

社会的企業は、地域課題をはじめとする社会的課題の解決をミッションとし、ビジネスをつうじてそれを解決しようとする。利益追求型ではない、ステイクホルダー（利害関係者）重視型の経済主体といえる。ビジネスがうまく回りだせば、雇用や所得がもたらされ、それによって事業をさらに継続させる仕組みが徐々に形成されていく。地域経済の活性化にも密接な関係を持つ事業形態であることがわかる。

社会的企業の事業内容は、社会貢献とビジネスの中間に位置するとされ、「ＮＰＯ化するビジネス」あるいは「ビジネス化するＮＰＯ」と呼ばれることもある。実際、組織形態は必ずしも法人組織ではなく、ＮＰＯや協同組合のかたちを採っていることも多い。そして、事業の創始者である社会企業家（ソーシャル・アントレプレナー）は、現状打破の重要な主体として注目される。また、社会的企業は「政府の失敗」「市場の失敗」を補完する役割を担う場合もある。

以下では、社会的企業を「地域」の文脈のなかに位置づけながら、その事業の特徴を概観する。

社会性から事業性、革新性へ

社会的企業も通常の企業と同様に、いくつかのステップを経ながら発展していく。

谷本寛治氏によれば、社会的企業（谷本氏の言葉では「ソーシャル・エンタープライズ」）は「社会性」「事業性」「革新性」という三つの要件を備えることとし、それぞれの要件を形づくる活動の特徴を次のように示している[1]。

① 社会性……社会的ミッション（social mission）
② 事業性……社会的事業体（social business）
③ 革新性……ソーシャル・イノベーション（social innovation）

これを組織の発展プロセスとみなすこともできる。解決すべき社会的課題に取り組むことを事業のミッションとし（社会性）、それをビジネスの形に置き換え、継続的に事業を進める（事業性）。さらには、従来にはなかった新しい社会的商品やサービスあるいは仕組みそのものの開発によって、社会経済システムに新たな価値を付加していく（革新性）。とくに「革新性」の段階では、社会的企業が持続発展していくための仕組みを形づくることによって、社会的企業のビジネスモデルを創出することになる。既存のものまねではない独自の仕組みの構築は、社会変革を促すことになろう。

社会的企業の事業運営においてポイントとなるのは、手段の目的化を避けるためのバランスである。ビジネス化が過度に優先されることによって、本来のミッションである社会的課題の解決が見失われてしまっては、営利事業と変わるところがなくなってしまう。本来の社会的ミッションが見失われることのないよう、ビジネスとミッションのバランスを保持することが重要となってくる。

「地域型」と「テーマ型」

社会的企業はミッションの内容によって「テーマ型」と「地域型」に分けることができる。欧米においては公的な補助金の圧縮から生まれてきたことから「テーマ型」が多いが、日本ではむしろ「地域型」の方が存在感を示しているようである。また、「テーマ型」は都市に、「地域型」は農山村や地方に分立しているようである。

コミュニティ・ビジネスや社会的企業の発祥の地イギリスでは、一九八〇年代のサッチャー政権による「小さな政府」の政策のもと、経済政策の一環として社会的企業が雇用の場を創出するなど重要な役割を担ってきた。それに伴い、行政を補完する主体としても活動の場を広げていった。イギリスをはじめ欧米の社会的企業やコミュニティ・ビジネス推進の政策目的は、衰退地域と都市部の格差是正、社会的弱者の雇用機会の創出など、格差是正や貧困解消と関連づけられることが多い。つまり、広く社会全体に関わる問題の解決を目指す「テーマ型」が主流といえる。日本の都市部でも、「無縁社会」や「孤独」といった最近の社会問題の解決に取り組む社会的企業などが生まれているが、これも都市問題を課題とする「テーマ型」といえよう。

他方、農山村や中山間地域は、人口減少と高齢化を要因とする深刻な地域問題を抱えてきた。それらは概ね、「社会構造に関わる問題」「生活に関わる問題」「産業の高度化に関わる問題」の三つに分けることができる。「地域型」の社会的企業は、地域に密着した形で、これらの問題の解決をミッションとすることになる。

「社会構造に関わる問題」は、人口減少と高齢化によって地域の存続が危ぶまれる状況を指す。例えば、集落消滅の危機に直面している限界集落などが典型である。農業を継続できずに耕作放棄地が増え、住む人がいなくなり空き家も増え、集落の崩壊といった状態にまで至るところが増えている。そして、次に述べる生活と産業に関わる問題は、こうした社会構造上の問題から派生してくる。

「生活に関わる問題」は、学校や病院の閉鎖、交通手段の不足など、生活インフラの悪化である。住民は遠方の学校や病院を利用せざるをえなくなるため、交通費などの生活コストが上がる。

そして、地域企業の縮小や閉鎖による所得と雇用の減少、地場産業の衰退、農業の担い手の高齢化と不足な

表4－1 「地域型社会的企業」のかたち

地域ビジネスの方向性 ←		→ 地域社会問題
内発的発展による産業化	〈産業〉	地域企業の閉鎖・縮小，地場産業の衰退
交通，福祉，教育などを担う自治機能の補完	〈生活〉	学校や病院の閉鎖，交通手段の不足
産業化と自治確立による自立・誇り・住みがいの醸成	〈社会構造〉	人口減少と高齢化による地域の存続の危機

ど「産業に関わる問題」もある。解決策として、経済効果が期待される企業誘致が挙げられることもあるが、交通条件やインフラが整備された特定の地域に限られる。中国やアジアへの生産移管も進んでおり、企業誘致は即効性のある地域振興策となりづらくなっている面がある。

これら三つの問題は、それぞれが悪化すれば互いに負の影響を増幅させてしまう、スパイラルの構造をなしている。

農山村や中山間地域では、このように地域のさまざまな機能が縮小していくなかで、人びとの誇りや「豊かさ」を希求し、「そこに住んで良かった」と思える地域づくりが切実に求められている。そして、それを担う主体として「地域型」の社会的企業に大きな期待が寄せられているのである。そのミッションは、上記三つの問題に応じて表4-1のようになるだろう。

重要なのは、ミッションを遂行するための継続性、持続性である。ボランティアと異なり、活動が問題解決に向かって完結していくわけではない。むしろ、地域でサステイナブルな活動を続けていくために、事業化、ビジネス化を志向していかなければならない。それらを回転させながら、単一の地域の課題だけでなく、複数の込み入った問題にまで寄与するような活動に広げていくことが求められる。

多くの場合、「地域型社会的企業」は地域資源を活かしたビジネスによって一定の収益を生み出しながら、それを地域問題に継続的に投資していく。そこから仕事や雇用が発生することにより、「生活に関わる問題」や「産業に関わる問題」が解消されていく。さらに進んで、収益を「社会構造に関わる問題」に投資することにより、好循環が生まれる。この仕組みそのものが「地域型ソーシャル・イノベーション」とみることができよう。

2　村民出資の社会的企業――島根県雲南市吉田町「吉田ふるさと村」を中心に

以下では、「地域型社会的企業」の代表的な事例として、島根県雲南市吉田町の取り組みをみていくことにする。

雲南市は県東部に位置し、松江市、出雲市、広島県と隣接する。南部は中国山地の山並みに連なり、北部は出雲平野に続いていることから市内の標高差が大きく、大半は林野によって占められている。「たたら製鉄」発祥の地とされ、古くから「鉄の町」として栄えた。山陽と山陰を結ぶ交通の要衝でもあった。雲南市は二〇〇四年一一月、大東《だいとう》町、加茂町、木次《きすき》町、三刀屋《みとや》町、吉田村、掛谷《かけや》町の六町村が合併し誕生した。合併に伴い、吉田村は「吉田町」と改称された。

雲南市の人口は四万一九一七人（二〇一〇年国勢調査）、高齢化率は三二・九％に達している。一九七〇年から以降四〇年あまりの間に、約一万一七〇〇人の人口減となった。人口減少と高齢化が進行する典型的な中山間地域である。

また、吉田村では明治時代中期以降、鉄生産が衰退した後、木炭製造へと産業の転換が図られ、一九五五年には年間出荷量三七〇〇トンにまで成長した。しかし、石油への燃料革命によって林業・木炭業も衰退、人口流出を招き、一九八〇年には人口約二八〇〇人と、ピーク時から四三％の急減となった。

人口減による村の衰退を食い止めるため、吉田村の村民たちは自分たちの出資で会社を立ち上げる。地域資源を活かして地元商品を開発し、村の自立を目指す地域型社会的企業「株式会社吉田ふるさと村」である。

(1) 村民による村民のための社会的企業

一九七〇～八〇年代にかけて、吉田村は林業の衰退から山の仕事で生計が立てられなくなり、急激な人口減少を招いた。村では集落消滅への危機感が高まった。住民同士の話し合いで、村独自の産業おこしが必要だという結論に至り、一九八五年に「吉田ふるさと村」が設立された。

「吉田ふるさと村」は、村、農協、商工会、森林組合などの団体と住民の共同出資による、農産物加工の製造・販売会社である。資本金は、村が五〇〇〇万円を出資し、一株五万円で株主を募り一〇〇〇万円を集め、計一五〇〇〇万円でスタートしている。村の承認を得ることに当初は苦労し、手続きを経て株主を募集したところ、予想をはるかに超えて二七五〇〇万円もの資金が集まった。二〇歳代の若者から八〇歳代のお年寄りまで、一〇五名の村民が出資したのであった。そのほか農協など団体の出資も集まり、こうして村民たちの思いの詰まった事業がスタートした。

創業メンバーのひとりで専務取締役の高岡裕司氏（一九五七年生まれ）は、当時、広島で働いていたが、村の存続を賭けた会社の立ち上げに何としても参加せねばと、仕事を辞めてUターンした。多くの出資が集まった当時のことを、「村民たちの熱意を強く感じた。同時に大変な重責も感じた」と振りかえる。

創業時の職員は高岡氏を含め三人。村役場の片隅を間借りし、小さくスタートした。

特産品販売で稼ぎ、地域に投資

「吉田ふるさと村」の主な事業は、村の特産品を活かした食品の開発・製造・販売である。地元産のもち米を使った自慢の「杵つき餅」、地場野菜を原料にした焼肉のたれやドレッシング等のオリジナル調味料のほか、干しシイタケや和菓子等も製造している。

最初に手がけたのは干しシイタケで、その後、餅や惣菜の加工に進んでいった。ブランドとしての知名度を上げるため、県内の松江市や出雲市、大阪市の百貨店などで餅つきの実演販売を重ね、地道に顧客を獲得していった。餅が次第に収入源となっていったが、冬場しか売れず、安定需要が見込めない。年間を通して安定的に需要がある製品を開発する必要があった。そこで、契約農家が作る無農薬栽培の農産物を原料にした新商品開発に取り組む。醤油をベースにたまねぎや生姜、リンゴ等をブレンドした無添加の「焼肉のたれ」を開発、これが好評を博し、ヒット商品となった。当初は島根県内を中心に販売していたが、一九九五年頃から東京を主なターゲットに販路拡大にも着手し、インターネット通販の普及なども手伝って全国に流通させることができるようになった。

この特産品事業が軌道に乗ったことで、村の公共的な事業で不採算のため縮小・廃止されていた領域を引き受けていく。地域課題への投資である。

創業当初の一九八五年、吉田村では上下水道がまだ完備されておらず、水道の普及率は三割程度であった。管理とメンテナンスを請け負う事業者も不足していた。そこで、若手の従業員が水道工事の技術資格を取得し、吉田村の水道敷設に当たっていった。

また当時、村では村営バスが不採算路線として廃止されようとしていた。条件不利地域の山間部では、とりわけ高齢者にとってバスは生活に欠かせない交通手段である。バスが廃止されれば、病院通いや買い物すらできなくなるお年寄りが増えてしまう。そこで「吉田ふるさと村」が、雲南市の委託を受ける形で、「雲南市民バス」の広域路線を担当することになった。採算性よりも住民の「足」として運行し続けることを重視するコミュニティバスである。

そのほか、温泉宿泊施設「国民宿舎　清嵐荘」の運営も、「吉田ふるさと村」が村の委託を受けて担うことになった。

このように「吉田ふるさと村」は、営利企業として収益向上に努めながら、その収益を地域課題の解決のために積極的に投資している。村の社会関係資本を保持するのに貢献している。とくに市町村合併以降、行政のスリム化、コスト削減がいっそう加速するなかで、各地の農山村・中山間地域では役場支所、学校、病院、交通機関などが次々と廃止・閉鎖されている。近年では廃校や廃路線を再生させる取り組みが各地で増えてきているが、「吉田ふるさと村」は今から三〇年ほど前、前例がほとんどないなかでそうした事業に踏み出していった。ビジネス化の点でも、公益への投資や行政補完の点でも、まさに「地域型社会的企業」の先駆的な事例といえるだろう。

雇用を生む食品づくり

「吉田ふるさと村」のミッションは「地域産業の振興」と「雇用の創出」である。

事業領域と収益の内訳は次の通りである。①特産品の開発・製造・販売（売上の約四五％）、②水道管理や市民バス運営など自治体からの受託事業（約一〇％）、③水道施設工事業（約一五％）、④温泉宿泊施設「清嵐荘」の運営（約二〇％）、⑤観光事業（約五％）となっている。

なかでもメインの事業である「特産品の開発・製造・販売」は、自社の収益のベースであると同時に、地元に雇用と所得を生み出している点で地域課題の解決に大きく寄与している。いわば特産品部門は町の産業おこしの役割も担っているのである。

特産品の原料は地元農家と契約し、全て無農薬栽培の野菜や米を使用、添加物は一切加えていない。「環境にやさしい農業」と「食の安心・安全」が追求されている。加工は干しシイタケ、餅から展開し、焼き肉のタレなどの調味料類、トウガラシの加工食品にまで広がりをみせてきた。販売はインターネット通販サイト「だんだん市場」を開設し、全国に発送をしている。

事業の拡大に伴い、従業員数も創業以来の二十数年で増加した。短期の非正規雇用も含めると、吉田ふるさと村で働いたことのある人の数はのべ一〇〇〇人を超え、地元の雇用創出に大きく貢献している。一人でも多くの住民を雇用することを目標にしており、食品の加工でも機械化や自動化はせず、瓶詰なども手作業にこだわる。二〇〇六年三月には、吉田町最大の誘致工場であったナカバヤシ（製本・印刷）が隣町の掛合町の工場と合併し閉鎖したために、今では「吉田ふるさと村」が町で一番大きな雇用先となっている。

売上も右上がりに伸びていき、初年度三八〇〇万円、一九八六年度七八〇〇万円、一九八八年度には一億円を超えた。二〇一一年現在、資本金六〇〇〇万円、売上四億九〇〇〇万円、従業員数は六九人にまで成長している。特筆すべきなのは、住民たちを含む株主に対して毎期二％の配当（一株五万円当たり一〇〇〇円）が支払われていることであろう。

商品開発と「ストーリーづくり」

事業が安定してきた二〇〇〇年頃、「吉田ふるさと村」は新たな商品開発に着手し、事業は大きな飛躍を遂げていくことになる。従業員が知恵を出し合い、製品開発に取り組むうちに、開発期間一年をかけた大ヒット商品が誕生することになった。卵かけご飯専用の醤油「おたまはん」である。

二〇〇二年五月の発売以降、口コミやメディアでの紹介でたちまち評判が広がり、月一万本以上を売り上げる看板商品となった。当初はだしのきいた関西風のみだったが、東京のモニター客の意見を取り入れ、醤油ベースの関東風を販売するようになり、首都圏のデパートや小売店でも売上を伸ばすこととなった。全国区となったことで、多い時期には年間五五万本（月五〜六万本、一日当たり二五〇〇〜三〇〇〇本）を生産、「おたまはん」の売上は一億円を超えるまでとなった。

「おたまはん」のヒットで、六〇ものライバル業者が類似商品を打ち出した。そこで「吉田ふるさと村」は吉田村のファンを増やすために次の戦略に出る。「卵かけご飯」をテーマにしたイベントを考え、二〇〇五年一〇月末、「第一回 日本たまごかけごはんシンポジウム」を開催。全国各地から約二〇〇人の参加者が集まり、卵かけご飯への熱い思いを語り合った。

「おたまはん」は「卵かけご飯」という日本の何気ない食文化に着目した点、それに特化した「専用醤油」である点など、商品そのものの斬新さで際立っていた。しかし「吉田ふるさと村」はそれだけでなく、イベントを介した話題づくりによって商品にストーリーを与え、多くの人びとを惹き込む仕掛けを作ってきたことに特徴がある。

卵かけご飯はシンプルな家庭料理でありながら、地域、家、人によって呼称や食べ方にさまざまなスタイルがある。シンポジウムはそうした奥深い食の世界を語り合う場として大きな支持を集め、以後毎年開催されている。主催者側はさらに「一杯の卵かけご飯」を軸にして、家族の食卓、日本人と米、スローライフやスローフード、食育、栄養学、歴史学、民俗学など、「日本の食文化」そのものをグランドテーマとすることを目指している。

表4－2　吉田ふるさと村の地域ビジネスのステップ

ステップ	事　業	課題・戦略
Step1	村民出資による産業おこし企業の始動	所得と雇用の創出・確保
Step2	農産物加工品の開発・製造・販売	安定需要を見込める商品の開発
Step3	町内の水道事業，市民バス，温泉宿泊施設の運営	事業継続のためにはさらなる収益が必要
Step4	特産品「おたまはん」の開発	ストーリーづくりによって固定ファンを増やす
Step5	イベント「日本たまごかけごはんシンポジウム」の開催	都市・農村交流の足がかりに
Step6	「飯匠お玉はん」と観光事業部の新設	住民だけでなく域外の人にも「ふるさと」と感じてもらえる町に

シンポジウムの開催時には、人口二〇〇〇人の吉田町に二〇〇〇人を超える参加者が訪れる。島根県内では秋の恒例行事として定着してきた。だが、イベント時だけの集客では一過性になってしまうため、いつでも吉田町に来訪してもらえるよう、二〇一〇年に卵かけご飯の専門店「飯《はん》匠《じょう》おたまはん」を開店した。このように町の交流人口を増やす仕組みも整えつつある。

創業時から事業の仕組み形成に携わってきた専務取締役の高岡氏は、事業のさらなる展開について次のように語る。「商品販売によってこちらから外に打って出るだけでなく、外部から吉田町に来てもらい、村の自然の豊かさを体感してもらいたい」。地域外の人びとにも吉田町を「ふるさと」と感じてもらえるような仕組みを作っていきたいという。そこでこの新たな目標に向け、「吉田ふるさと村」では観光事業部を新たに設置、都市・農村交流と域外からの集客の受け入れを本格化させている。

「吉田ふるさと村」は、町ぐるみで取り組む「地域ビジネス」によって収益を上げ、それを地域課題の解決のために投資してきた。超高齢化した地域社会の社会関係資本を整えていくといったやり方で、産業振興と雇用創出の双方を実現させた。まさに「地域型社会的企業」の好例に映るが、約三〇年前の創業時には、そのような言葉も概念も存在しな

吉田町に隣接する奥出雲町横田では、年に一度だけ「たたら」が再現される

かった。その意味で、過疎の地から生まれた創造的な取り組みに、現代がようやく追いついたといえるのかもしれない。未来の社会を先取りした動きだったのである。

(2) 産業振興と文化振興の両立

先に述べたように、近代製鉄技術が導入される以前、旧吉田村は「たたら製鉄」が盛んな地であった。吉田町では、「吉田ふるさと村」による産業振興と並行して、この「鉄の町」を活かした文化振興も行われてきた。

鉄山師・田部家の遺産

吉田町は鉄山師の企業城下町であり、今でも鉄山師の田部《たなべ》家の屋敷や土蔵、番頭屋敷が残っている。

中国地方では古くから「たたら製鉄」が盛んであり、吉田町を一体とした奥出雲地方で産出される鉄は質、量ともに群を抜いていたといわれ、全国一の鉄生産量を誇っていた。それを取りまとめていたのが、鉄山師の田部家である。当時、製造されていた「出雲《いずも》鋼《はがね》」は全国に出荷され、村人の暮らしを支えるとともに、地元松平藩の有力な財源となっていた。吉田町では田部家が広大な山林を支配し、企業主となり、地域住民の庇護に努めていた。

その田部家が保有していた「菅谷《すがや》たたら」は、日本に唯一残るたたら施設であり、国の重要有形民俗文化財に指定されている。一七五一年以降、一九二一年に火災で損壊するまでの約一七〇年間にわたり製鉄が営まれてきた。その間、「鉄を吹いた（吹子《ふいご》＝鞴《ふいご》を踏んで製鉄炉に風を送る作業）のは八六四三夜」という記録も残っている。

たたら製鉄の地元では、製造現場と従事者たちの生活地区を総称して「山内《さんない》」と呼ぶ。菅谷山内の中心には、屋内炉施設「菅谷高殿《たかどの》」があり、その周囲に原材料置き場や職人控室などが配置されている。現存する建物のなかには江戸時代後期のものもある、高殿の周辺には技術者や職人が住んだ集落も残っており、今でも一一世帯、二〇人程度が暮らしている。

村民たち自身が文化振興事業に取り組む

吉田町では旧吉田村の時代から、こうした「鉄の町」の歴史を継承した文化振興事業として、「鉄の歴史村づくり」を進めてきた。まず「吉田ふるさと村」の創業と同じ一九八五年、「村全体を博物館に」をキャッチフレーズとした「鉄の歴史博物館」をオープン。翌八六年には、村として次のような「鉄の歴史村宣言」を発表した。

鉄は日本の文化、産業に大きく貢献してきた。吉田村は、日本のたたら製鉄の中心地であり、鉄と共に

鉄の歴史が残る町並み。地元住民が案内役を担い、見学者に建物の由来などを解説する

栄えてきた村である。その風土と歴史、そして文化の遺産を正しく保存し公開することが私達の使命であり、ここに「鉄の歴史村」を宣言する。

文化振興として「鉄の町」の歴史やたたらの文化を保存すること、それを活かした魅力的なまちづくりを複合的に進める考えであった。「鉄の歴史村」の事業の具体については、住民と田部家の人びと、行政のほか、企業人や有識者にも意見を聞きながら練り上げていった。

そして一九九九年からは、田部家の屋敷が位置する本町通りの町並み整備事業が始まる。住民三四世帯で「吉田村町並み委員会」を設立して、商工会や行政と協力しながら「鉄の歴史村景観づくり事業」を実施していった。

市町村合併後の二〇〇四年には、さらなる地域振興のために有志が結集し、「株式会社鉄の歴史村」を設立した。一〇〇%民間出資で、一株五〇万円、三五名が出資し、資本金二七〇〇万円でスタートした。主な事業は、①学術文化交流事業、②創作体験サービス事業、③販売サービス事業、④鉄の歴史村ツーリズム事業、⑤住民自治サービス事業、となっている。

「株式会社鉄の歴史村」は創業と同時に、庄屋屋敷だった古民家を改修し、民宿「若槻屋」をオープンさせた。宿内のレストラン「山里かふゑ はしまん」は、地元食材を取り入れたスローフードを提供しており、域外からの利用客も増えている。

先にみたように、「吉田ふるさと村」のミッションは「地域産業の振興と雇用の創出」であり、これは吉田町全体の目標を反映したものであった。地域での内発的な産業おこしと雇用創出は、「吉田ふるさと村」のビジネスによって十分に実現されてきた。その発展を受けて、町が次に目標としたのが「地域の文化振興・文化交流の活性化」であり、住民自身で「鉄と文化のまちづくり」を進めていったのであった。

「吉田ふるさと村」では、先述のように二〇一〇年から観光事業部を設置しており、町の「鉄の歴史村」事業との連携を一段と深めている。それにより域外との交流人口を増やし、中山間地域の文化や生活の営みを発信していく構えである。

地域の思いを形にする「地域型社会的企業」

以来、吉田町のまちづくりは「吉田ふるさと村」と「株式会社鉄の歴史村」を両輪として力強く進められている。このように狭い地域のなかに、本格的な社会的企業が二つ存在することの意義は大きい。特産品ビジネスが地元に所得と雇用を生み出し、公益事業が住民の暮らしを守り、歴史・産業・文化を活かしたまちづくりが外から人を呼び込む。いずれの事業も、核にあるのは住民たちのふるさとへの思いである。そうした思いが観光客や商品購入者などのファンを呼び込み、広域的な吉田町応援団を形成しつつある。

このような形で、ステイクホルダーの範囲を広げていくことは、地域振興に重要な要素といえよう。それによって外部との交流機会が増え、住民は自分たちの地域の「宝」を再認識するようになり、さらなる新商品開発や新事業の展開に結びついていく。

むろん「地域型社会的企業」という言葉は、わたしたち地域産業研究に携わる者の概念装置にすぎない。吉田町の場合も、高岡氏をはじめ町の当事者たちは、必ずしも「社会的企業を運営している」という明確な意識を持っているわけではない。何より意識されているのは、住民自治を高め、地域を自立させていくことである。その点、鉄山師田部家を中心とした地縁コミュニティが今でも残り、自治と自立への志向が強かったからこそ、住民の思いを具体的な形にする社会的企業が育ったともいえよう。

もともと、たたら製鉄は地域内の強い結束によって成り立つ産業であった。その構造を巧みに活かしたことが、内発的な産業化を可能としたのかもしれない。地縁的な「農村型コミュニティ」を基層にしつつも、外部を意識した事業を展開したことで、厚みのある独特の社会関係資本を築いているようである。

3　地域そのものがステイクホルダー

吉田町の事例では「地域型社会的企業」がビジネスで得た収益を地域課題の解決に投じ、地域のなかで内発的な循環を創り出していた。それが文化振興とも結びつき、ユニークなまちづくりに展開していったことも興味深い。

一般に「地域ビジネス」を起こすには、まず「場づくり」が重要である。住民、行政、事業者、ＮＰＯなど、地元のさまざまな主体が参加し、思いを伝え合う「場」を設けることでゆるやかなネットワークが築かれる。

中山間地域の地域おこしやまちづくりに接していると、行政がイニシアティブを取るケース、民間だけが担うケース、あるいは住民や民間の主導で行政が後から参画するケース、域外の人びとや学生などの若者が中心となるケースなど、「場づくり」の担い手は地域によって多様である。

吉田町でも、産業を担う「吉田ふるさと村」と、文化振興・まちづくりを担う「鉄の歴史村」がゆるやかに結びつくことで、それぞれの取り組みを深めてきた。両者は独立した組織で、ミッションは異なるが、同じ地域で常に情報交換や対話をすることにより、地域全体でミッションを共有することにもつながっている。

こうした地域内でのゆるやかな結びつきは、まさに「場」と表現するにふさわしい。「場」とは、伊丹敬之氏によれば、「人々がそこに参加し、意識・無意識のうちに相互観察し、コミュニケーションを行い、相互に理解し、相互に働きかけ合い、相互に心理的刺激をする、その状況の枠組みのことである(2)」。

吉田町では、「場」をつうじて醸成される地域の賑わいや雰囲気が住民の意識を高め、それによってまた「場」が活性化するといった好循環がみられるようである。

「地域全体がステイクホルダー」という発想

このように地域の取り組みやネットワーク全体を「場」と捉えると、ステイクホルダーの拡張が起きる。その場合、「地域型社会的企業」の従業員や生産者、消費者等、ビジネスや事業に直接関わりを持つ人びとや団体が「直接的なステイクホルダー」、住民と地域社会全体が「間接的なステイクホルダー」ということになろう。

つまり、「地域型社会的企業」があることによって、地域社会全体がステイクホルダーであるという発想が生まれる。吉田町の二つの企業のように株式会社化していれば、外部の消費者や観光客もそのなかに含まれてくるだろう。そう考えるなら「地域型社会的企業」にとっては、ステイクホルダーとしての地域社会にどのように利益を配分していくかが重要なポイントとなる。ビジネスや事業をつうじたさまざまな波及効果を考えることも、経営課題のひとつといえる。

「吉田ふるさと村」は、事業で得た収益を新事業に再投資すると同時に、地域交通や水道事業といった社会環境の整備に投資をしてきた。地方自治体が不採算部門として切り捨てた分野に、再分配をしているのである。また、ステイクホルダーの経済的な還元だけでなく、地域に魅力的な社会的企業が存在することで、住民たちが「誇り」や「住みがいい」を持てるようになったことが大きい。

実際、「吉田ふるさと村」や「鉄の歴史村」の事業に携わる人びとは、希望と自信に満ち溢れた表情をしている。そうした雰囲気が周囲に伝わっていったことも興味使い。初期には地域への深い思いを抱いた少数の有志が担い手であったが、徐々に事業が拡大するにつれ、U・Iターン者なども参画し、まちづくりへの熱意が波及していった。こうした「思いの波及」は事業やビジネスの形にすることでオープンになり、参画する人が増える仕組みとなってきた。

「起業家的経営」と地域の自立

もう一つ注目すべきは、「起業家的経営」の手法である。社会的課題を解決し、事業を創造していくには「起業家的経営」が重要となってくる。

明石芳彦教授は「起業家的経営」について、次のように述べている。「①従来誰も手がけていなかったことや社会が望んでいることに挑む、②それら（事業上の革新や社会改革）を成し遂げる、③結果として、経済性、効率性、質的改良の相乗効果を生む」[3]。「吉田ふるさと村」の事例では、①と②は完全に満たされているといえる。③は「経済性、効率性、質的改良」の度合いをどのような基準で測るかにもよるが、それらがさらなる商品開発や事業展開につながっているとみることができよう。「効率性」については、雇用創出を優先しているため機械化・自動化は行っていないが、ビジネス全体でみれば支障は起きていない。吉田町では、住民自身の発意と知恵で「従来誰も手がけていなかった」事業を起こし、「社会が望んでいた」産業と雇用の創出という課題に挑戦し、「地域社会のイノベーション」を達成したといえる。

「吉田ふるさと村」の事例は、このような「起業家的経営」が地域ビジネスの初期段階に極めて重要な役割を果たすことを示している。創業時のメンバーたちは、地域の自立のために自らのアイデアが真に社会的にも正しいと信じ、ビジネス化を進めていった。彼らの起業家的経営センスは、イベントやまちづくりで地域住民を巻き込む協力体制を築いたことによって、さらに発揮していったとみることができる。

おそらく、条件不利の農山村や中山間地域に立脚する「地域型社会的企業」は、地域の自立をミッションの中心に据えることになるだろう。そう考えると、社会的企業は行政と補完関係にあることがわかる。しかし、全国規模で財政改革が断行されるなか、行政サービスを民間に委託するうえで十分な経済的支援ができる自治体は少ない。条件不利地域ほどそうであろう。このとき、NPO等の非営利団体と異なり、有償サービスを行う社会的企業の役割が一段と重要性を増す。ビジネス全体で収益のバランスを取りながら、公益性の高いサービスを継続的に提供していくことで、地域の自立に貢献することになろう。

これまでの地域産業政策では、都市化や工業化の発想が先行してきた。その基盤は「規模の経済」「集積の経済」であり、幾多の条件不利を抱えた地方は往々にして除外されてしまう。地方における人口減少と地域経済の縮小が進み、しかも日本全体が人口減少時代に入りつつある今、住民の希望や誇りを汲みとり、かつ行政の補完機能を担う「地域型社会的企業」は、地域振興の新たな担い手として今後ますます注目されていくことになるだろう。

そして、一足早く人口減少時代に突入していた農山村や中山間地域で、そうした「地域型社会的企業」の創造的な取り組みが先駆的に生まれつつある。わたしたちは、このことの社会的意義を深く考えるべきではないだろうか。全国の農山村、中山間地域に勇気を与え、脱成長時代の「地域社会の自立」について貴重なモデルを提供してくれる。

（1）谷本寛治編著『ソーシャル・エンタープライズ――社会的企業の台頭』中央経済社、二〇〇六年、および谷本「ソーシャル・ビジネスとソーシャル・イノベーション」（『一橋ビジネスレビュー』第五七巻第一号、二〇〇九年、二六―四一頁）を参照。

（2）伊丹敬之『場の論理とマネジメント』東洋経済新報社、二〇〇五年、四二頁。

（3）明石芳彦「英国コミュニティ・ビジネスと社会的企業における起業家的要素」（『季刊経済研究（大阪市立大学）』第二七巻第四号、二〇〇五年）を参照。

第5章

「産業福祉」という発想——道の駅と農産物直売所の進化

図5－1　道の駅の各施設の設置状況

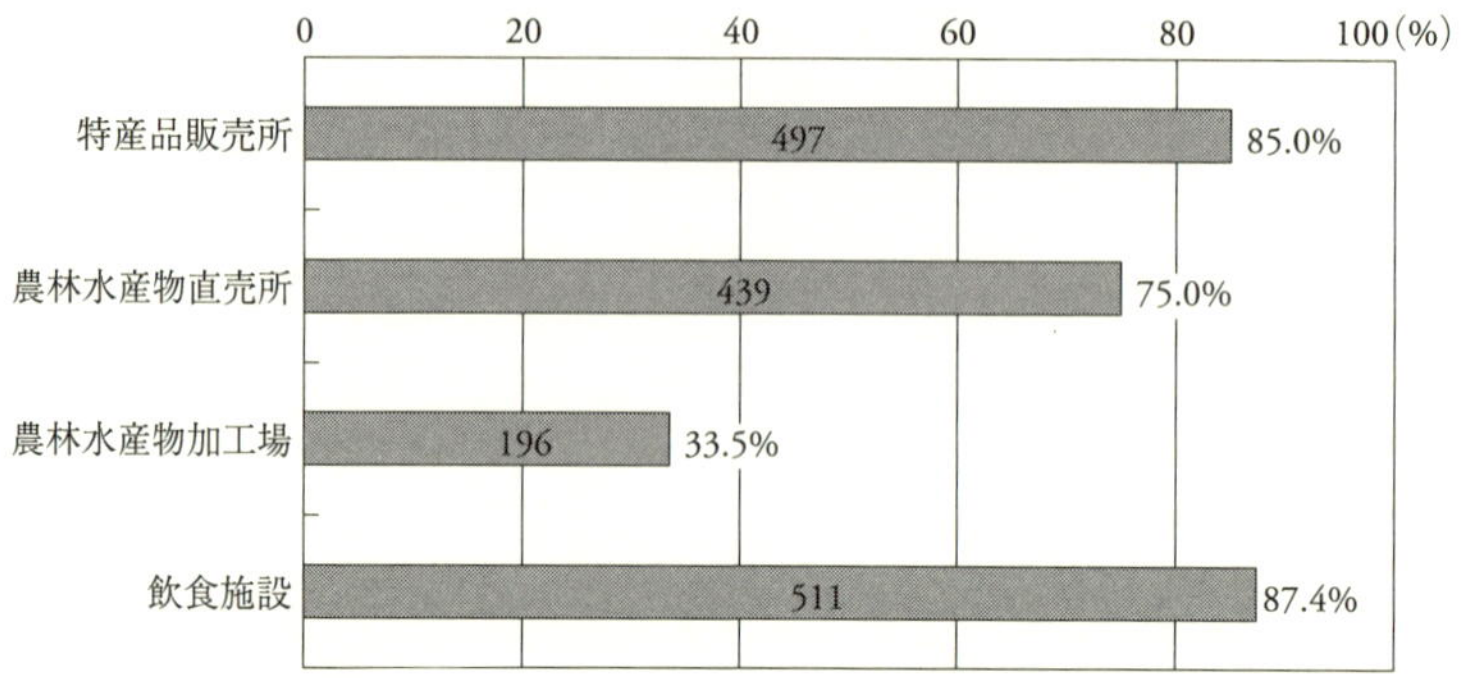

注：回答数585，複数回答。
出所：財団法人地域活性化センター『「道の駅」を拠点とした地域活性化 調査研究報告書』（2012年）

ここ数年、「道の駅」や「農産物直売所」が、地域産業振興の拠点として興味深い進化を遂げてきている。いずれも農産物の直売をつうじて農家の生産を後押しし、地域の産業の自立を促している。

道の駅や直売所の魅力は、生産者から直接に農産物を購入できることであろう。新鮮な旬の野菜を求めて、近隣だけでなく遠方から車で一〜二時間かけて訪れる者も絶えない。結果として、その地域の交流人口が増えることにつながっている。道の駅や直売所は産業の自立だけでなく、「農」や「食」をつうじた地域間交流拠点としての機能も備えている。

生産者サイドからみてもメリットは大きい。従来は農協に出荷していた生産物を、自分で価格を決めて販売することが可能となった。また消費者とフェイス・トゥ・フェイスのコミュニケーションをとることで、消費者のニーズを捉えて生産活動に活かすことができ、営農に対する意欲を高めることにもつながるだろう。今や、道の駅は全国に九八七駅（二〇一二年三月）、農産物直売所は一万六八一六施設（二〇一〇年）あり、販売農家（経営耕地面積三〇アール以上又は農産物販売金額が年間五〇万円以上の農家）の三割近い五〇万前後の農家がこうした直売活動に参加しているとされる。

図5－1は、財団法人地域活性化センターによる二〇一一年度「道

の駅の実態調査」の概要を示したものである。(一)回答した五八五の道の駅のうち、九割近くが特産品販売所と飲食施設を備えている。また「農林水産物直売所」を設置していたのは四三九件（七五・〇％）、「農林水産物加工場」は一九六件（三三・五％）であった。近年の傾向として、直売所や飲食施設を拠点にしつつ、加工場を新設する道の駅が増えている。

各地の道の駅の取り組みをみると、それぞれ地域の個性を活かした直売所やレストランを展開し、新しい特産品の開発やイベントのプロデュースなど、取り組みを進化させていっていることがうかがえる。道の駅はもはや「通過点」ではなく「目的地」となりつつある。

本章では、このように地域の産業振興と交流の拠点として存在感を高める道の駅と直売所の活動から、高齢地域社会における「産業福祉」の実現可能性を探っていく。

1　道の駅、農産物直売所の多面的な機能

二〇〇〇年代後半以降、わたしは関満博教授との共同調査研究をつうじて「農産物直売所」「農産物加工場」「農村レストラン」を「地域再生の三点セット」と捉え、その発展に注目してきた。この「三点セット」はとくに、人口減少と高齢化が進む中山間地域にとって、大きな希望を与える存在となっている。

(1) 農産物直売所の効用

第3章でみたように、農産物直売所の登場により、農村女性たちは自分たちの創意工夫で生産や加工に取り

組むようになった。農村女性たちが「自分の預金通帳」を初めて手にするようになったことは日本の農業史上において画期的な出来事である。さらに直売所の延長上に展開する「農産物の加工」や「地元の農産物を使った農村レストラン」を加えた「三点セット」は、農山村・中山間地域の暮らしと産業に新たな可能性を拓く。地域資源を活かした魅力的な加工品を作って直売所に出荷したり、味わい深い郷土食を提供したりすることで、年間数百万円の稼ぎを得ている人も少なくない。農産物直売所を軸に、女性たちは地域を拠点に活動の場を広げつつある。

また、農産物直売所は市場を介さない生産者と消費者の相対《あいたい》取引でありながら、生産者間で競争原理が働く点で市場原理も備えている。よって生産者にとって、直売所とは「売るための工夫」を考える「学びの場」となっている。

農協に依存した従来の農産物流通は、都市部への安定供給と大量出荷が前提となっていた。農協は零細農家保護の立場から全量取引をベースにしていた。それにより大規模な流通が可能になった反面、農産物の質が価格に必ずしも反映されないという側面もあった。

だが、農産物直売所の登場により大きく変わることになる。生産者は自分で価格を決定できるようになり、質の高いものを作ればそれが成果になって返ってくるようになった。時にはレジにも立ち、消費者と直接コミュニケーションをとることで、自分の作った農産物の売れ行きを肌で感じ取ることができる。商品の包装や陳列にも気を配るようになる。そうした創意工夫が消費者に受け入れられれば、売上に反映し、毎月、自分名義の銀行口座に現金が振り込まれる。これが生産者にとって大きな励みとなっていった。

直売所での販売やレストランでの接客を担うようになれば、生産者は消費者目線を意識するようになる。例えば、陳列棚に自分の写真を掲示して作り手の「顔」を見せたり、商品の特徴や「思い」を綴ったり、加工品にオリジナルの名前を付けたり、さらにはレシピを加えるなどして、農産物の「みせ方」や「売り方」に意を凝らすようになっていく。

この「発見」が農村女性や農家の意識を変えた。これまで顔の見えなかった生産者が「顔の見える生産者」へ、生産の喜びしか知らなかった農家が「売る喜びを味わう生産者」へ大きく変わろうとしている。このことは、農山村や中山間地域の人びとにとって大きな意識の転換となった。

また、農産物直売所は「生産者と消費者」「都市と農村」が出会う場であるだけでなく、出荷をつうじて地域の住民同士が出会う場ともなっている。新たな地域コミュニティの拠点としても台頭しつつある。

(2) 進化する道の駅

道の駅は年々増え続け、二〇一二年三月現在、全国に九八七駅設置されている。道の駅に足を踏み入れると、地域の「食」を通して地元の人びととの会話も弾む。そこから地域の姿を垣間みることができ、道の駅は「地域の顔」のような存在となってきた。

拡充する道の駅の機能

道の駅の制度は一九九三年、当時の建設省(現在の国土交通省)道路局の管轄のもと、全国一〇三カ所からスタートした。その背景にはモータリゼーションの進行と共に、高速道のみならず一般道にもトイレ、休憩場所が必要とされてきたことがある。道の駅の機能の柱は、①休憩機能、②情報発信機能、③地域の連携機能の三つとされてきたが、制度開始からおよそ二〇年を経て③の「地域の連携機能」が次第に重要な役割を果たすようになってきた。

道の駅は道路管理者である国土交通省と地方自治体の共同事業である。多くの道の駅では、駐車場やトイレの管理を国交省が行い、特産品・農産物の販売や飲食施設の運営を自治体が実施する。自治体が直営しているケースは稀であり、近年では指定管理者として地元のＮＰＯや団体が運営を請け負う形が一般的になってきた。

最初に設置された一九九三年より以前から、自前で道の駅を設置していた地域も存在する。例えば、島根県掛合町《かけや》（現雲南市）では、一九九〇年に「ふるさと創生事業」の一環で、現在の道の駅の前身となった「掛合の里」を設置している。

当時、建設省道路局ではこうした各地の動きや現場からの意見を踏まえ、一九九〇年代初頭に一種の「社会実験」を開始する。一九九一年一〇月から九二年七月にかけて、全国一二カ所（栃木県三カ所、岐阜県七カ所、山口県二カ所）に道の駅を試験的に開設したのであった(2)。

その結果、いずれにおいても事業の意義が強く認められ、建設省の「第一一次道路五カ年計画」に盛り込まれ、制度化が急ピッチで進められていった。先の三つの機能「休憩機能」「情報発信機能」「地域の連携機能」も、この時に定められた。一二カ所の試験開設では、とくに農産物直売所が好評を博したとされている。

制度開始からしばらくは、機能上、高速道路のサービスエリアと似通っていた。しかし現在では、地域の特性を活かした新たな商品の開発、ツーリズムの提案などに力を入れる道の駅が増え、それぞれ独自色が際立ってきた。地元の人びととのアイデアに溢れた道の駅は、土地の魅力を効果的に伝える「地域の顔」として、新たな産業振興と交流の拠点となりつつある。

緊急時の生活インフラ機能も備える

さらに道の駅は平時だけでなく、災害などの緊急時には地域の中核拠点として機能する点も注目される。二〇一一年三月に起こった東日本大震災でも、交通やインフラが大規模に麻痺したなか、二次災害を防ぐ防災・備蓄拠点として重要な役割を果たした。

例えば、宮城県石巻市の道の駅「上品《じょうぼん》の郷《さと》」では、地震から一週間で、被災した地元商店から商品を買い上げて販売する態勢を整えた。これにより、被災者は食料をはじめ生活必需品を購入することができ、地元商店は損失をできるだけ抑えることができた。被災者のみならず商店にとっても有益となる方策を講じたのであった。また、支援物資が石巻市に行き渡るまでの空白の一週間、直売所やレストランにあった食材を集めて行政に無償提供したり、上下水道がストップしているなか、トイレや温泉施設を開放するなどして、被災直後の対応にあたってきたのであった(3)。

緊急時の迅速な決断と行動は、平時の運営・活動方針に支えられている。地域の事情に精通し、常日頃から地域の人びとと接点がある道の駅ほど、こうした災害時対応に優れていることが明らかになった。東北の大震災時における道の駅の対応を受け、全国の道の駅では「防災・備蓄拠点としての道の駅」のあり方が模索されているところであろう。道の駅は「産業振興と交流の拠点」であるだけでなく、人びとの暮らしの安心と安全を支えるインフラ機能も備えつつある。

2　出張産直・集荷に乗り出す道の駅——広島県北広島町の取り組み

中国山地にも、従来の機能を超えて積極的に地域振興に踏み出している道の駅がある。後に述べるように、

「産業と福祉」を融合させる観点から興味深い仕組みが整えられつつある。

その代表事例として、広島県北広島町の道の駅「舞ロードＩＣ千代田」（以下、舞ロード）についてみていくことにしたい。条件不利地域の交通問題を解消する「パークアンドライド」のシステムを支える中継地点となっている。また、広島市内への「出張産直」や、高齢生産者を訪問する農産物の「集荷」など、産業振興の先駆的な機能も担っている。

パークアンドライドの「駅」として

広島県の北西部に位置する北広島町は、中国山地のちょうど中央部にある典型的な中山間地域である。広島市に接しており山間部の町内から市内へ通勤する人も多い。都市部と近接していながら自然豊かな里山の暮らしが営まれている土地といえる。標高一〇〇〇メートル級の山が連なる山間部には日本で最南端のスキー場が集積しているため、中国山地の他の中山間地域に比べると観光客が多いことも特徴である。

二〇〇五年二月に芸北《げいほく》町、大朝《おおあさ》町、千代田町、豊平町の四町が合併して北広島町が誕生した。人口は一万九九六九人（二〇一〇年）、ピークは戦後すぐの一九四七年で四万人弱を数えていたが、それ以降五〇年来ゆるやかに減少が続いてきた。二〇一〇年の高齢化率は三五・〇％となっており、広島県の二三・九％と比べてもかなり高いことがわかる。

道の駅「舞ロードＩＣ千代田」は、合併前の二〇〇四年四月にオープンした。名前の「舞」は、この地方の伝統芸能の「神楽《かぐら》」に由来する。広島県から島根県の山間部にかけては現在も神楽が盛んで、なかでも北広島町は最も多くの神楽団が存在する地域でもある。

舞ロードは広島市内の中心部と高速バスで直結しており、四〇分で行き来できるため、「パークアンドライド」の中継地点として重要な役目を担っている。「パークアンドライド」とは、自宅から自家用車で最寄りの駅やバス停などに行き、そこに車を駐車しておき、公共交通機関で都心部に向かう交通システムを指す。広島市内に通勤している住民は、まず自宅から自家用車で舞ロードに行き、駐車場に車を置いておき（駐車は無料）、高速バスに乗り換える。つまり、舞ロードが自動車と高速バスをつなぐ「駅」として機能しているのである。駐車場の収容力は一二八台分で、その大半を通勤客の自家用車が占めている。「パークアンドライド」は、交通不便な中山間地域の二次交通の可能性を広げるものとして期待されており、道の駅がその重要な一翼を担っていることが興味深い。

毎日、広島市へ出張産直

舞ロードは北広島町直営の公設公営方式で運営されており、産業振興と地域振興の拠点として機能している。二〇一一年三月まで七年間にわたり駅長を務めてきた佐々木直彦氏（北広島町産業課企画調整官）は、町内の生産者のもとに足繁く通い、農産物直売所を中心とする現在の舞ロードの基礎を築いてきた一人である。

直売所に出荷する生産者は、グループが約九五、個人農家が約四〇〇名にのぼる。販売手数料一五％を徴収するのみで会費などは設けず、できるだけ多くの生産者が出荷できる仕組みとしている。舞ロードの開設を機に誕生した女性加工グループも多い。また近年では、集落営農法人が米や転作作物を出荷するケースも目立っており、「農」の新たな担い手たちに販路開拓のチャンスを提供している。道の駅が地域産業を育むインキュベーションの役割を果たしてきた。

さらに二〇〇八年一一月からは、広島市内に出向いて定期的に臨時直売所を開設する「出張産直」をスタートさせている。まずは週に一度、市内のホテル前で店を開くことにした。ホテルにスポーツジムが併設されているため、健康志向の客が多く訪れ、一日で四〇~五〇万円を売り上げる状態が続いた。

この出張産直が道の駅の売上を後押しし、二〇一〇年四月からは広島市内七カ所でほぼ毎日、実施するようになった。「きたひろしまバザール」と銘打ち、地元スーパーのインショップや文化センターなどにも売り場を広げた。消費者とのコミュニケーションを重視し、生産者の女性たちも接客に携わっている。舞ロードのスタッフと生産者たちにとって、客への声かけ、サービス、陳列の工夫など、意欲と工夫次第で売上が伸びるということも、この出張産直から学んだ大きなことであった。

人口一一七万人の大都市圏である広島市を市場と見定めて、近接性を活かし、町ぐるみで「攻め」の販売戦略を展開しているのである。

高齢化が進む地域での「集荷」の意義

先にみた地域活性化センターの調査からは、道の駅が抱える問題もいくらか明らかになっている。なかでも多くの道の駅が意識している課題として、「生産者の高齢化」五九・一%、「冬期間の利用者の減少」五九・一%、「人材育成」五三・三%、「施設の老朽化」四九・九%、「品揃え」四五・七%が挙げられる。

このうち「生産者の高齢化」については、独自に対策を講じる道の駅も出現している。例えば、舞ロードも実施している「集荷」の取り組みはそのひとつであろう。道の駅の直売所に出荷していた生産者が、高齢で出荷できなくなった場合、道の駅のスタッフが生産者の自宅まで農作物を集荷に行く。それにより生産者は高齢になっても農業を続けられるし、道の駅も生産者と商品の多様性を維持することができる。

舞ロードでは生産者の高齢化に加え、出張産直の盛況もあって、農産物が慢性的に足りない状況が続くようになった。そこで二〇一〇年九月、旧芸北町の高齢生産者宅をまわる集荷を試行的に開始。始めは毎週金曜日

図5－2　道の駅の今後の課題

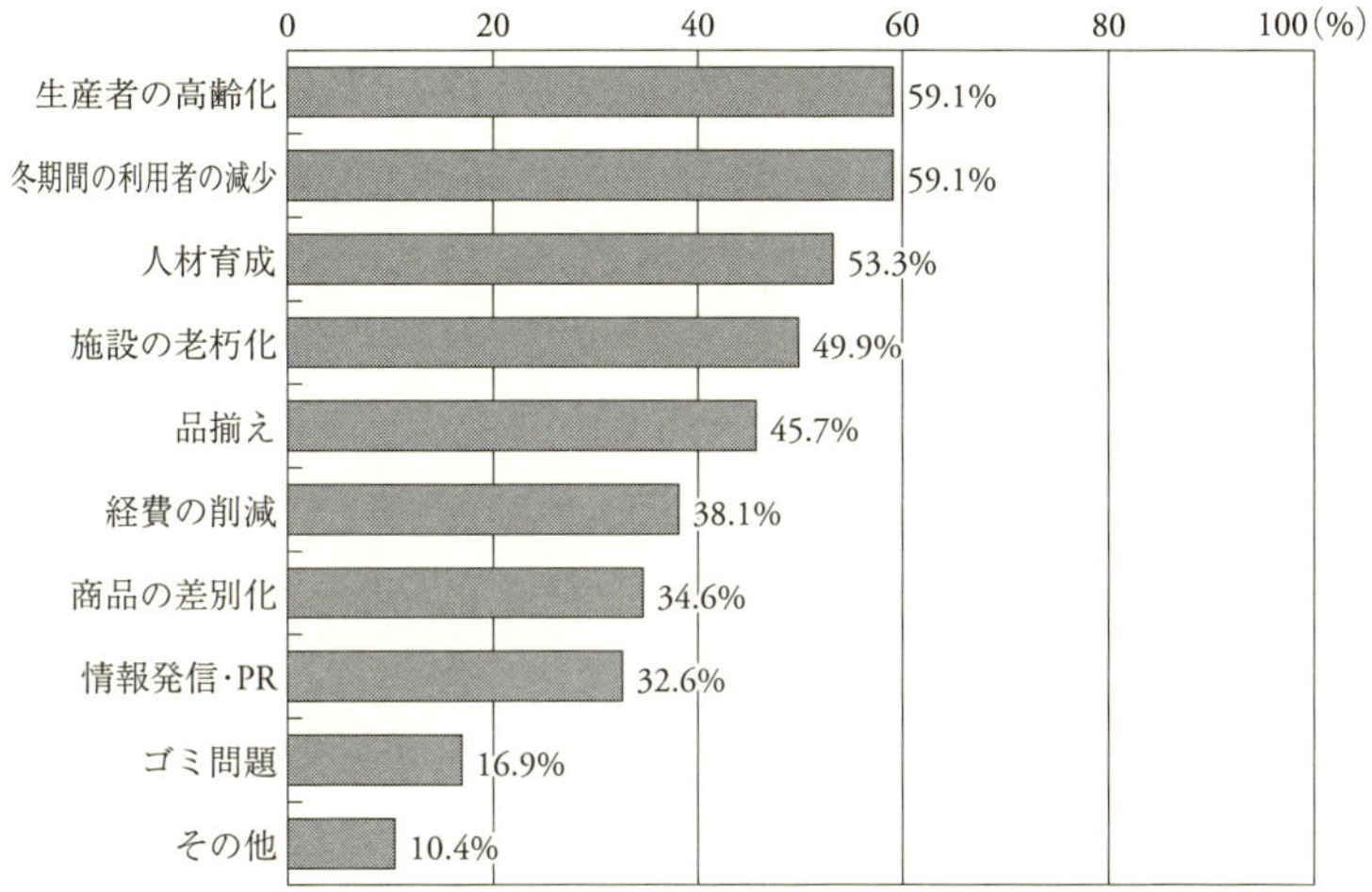

注：回答数433，複数回答。
出所：図5－1と同じ

と第一・第三月曜日に実施していたが、現在は要請に応じてほぼ毎日集荷にまわっている。集荷の場合は販売手数料を五%上乗せして二〇%としている。反響は非常に大きく、元からの出荷者の営農を支えるだけでなく、新規の出荷者も増え、それが町の農業生産量の拡大にもつながっている。高齢で農業を引退した人が、舞ロードの集荷サービスを知って復帰するという動きも出てきた。

北広島町は地域間の標高差が大きいため、場所によって野菜の収穫時期が違う。先に述べた出張産直ではこれを逆手にとり、常に農産物の品種を豊富に揃えている。そこに集荷の仕組みを合体させることで、品揃えの維持と「小さな生産者」の支援を両立することができている。

近年、この集荷サービスに対しては、高齢化が進む全国の中山間地域で期待が高まっている。とくに限界集落を抱える地域では、試験的な集荷の取り組みが重ねられてきた。一軒ずつ生産者宅を回る方式、集落や地区ごとに「野菜入れポスト」を設置して回収する方式など、地域の事情に応じたスタイルが模索されている。中国山地の中山間地域では、道の駅や直売所まで近くて車で三〇分、遠ければ一時間近くかかるということも少なくない。集荷が普及することで、こうした中山間地域特有の高齢化と交通事情のなかで、生産者が年をとっても農業を続けることができる可能性が広がる。

また、集荷の発想をさらに展開させたものとして、商品を高齢の消費者に宅配する道の駅も現れている。島根県川本町の道の駅「インフォメーションセンターかわもと」では、高齢のため買い物に行きづらくなった人のために配送サービスを実施しており、食料品だけでなく日用品や弁当なども注文に応じて個別に届けている。

超高齢化が著しく進む中山間地域では、道の駅のこうした福祉面での取り組みが重要性を帯びる。これは後述するように、道の駅の「産業福祉」機能と呼べるものであり、地域振興の今後の指針に大きな意義を持つと思われる。

光ケーブルネットで「産直システム」を構築

道の駅「舞ロード」は二〇一二年で設立八年目を迎え、開設以来の第一期の構想をほぼ実現し終わり、第二期整備の段階に入った。

二〇一一年には町内の光ケーブルネットを活用した新しい集出荷の仕組み「産直システム」を開発し、「小さな農業の元気回復」を目指している。この「産直システム」では、まず生産者にテレビ電話端末とラベルプリンターが支給される。電話端末には、日報やバーコードラベル、売上ランキングを作成したり、出荷情報を発信するほか、道の駅から売れ筋情報を受信する機能が搭載されている。舞ロードへの集荷要請もこの端末を通してできるようになっている。

これにより、出荷作業の軽減や効率化、栽培履歴の管理、清算業務の電子化が可能になり、「生産者・出荷

図5－3　舞ロードの新たな集出荷システムの仕組み

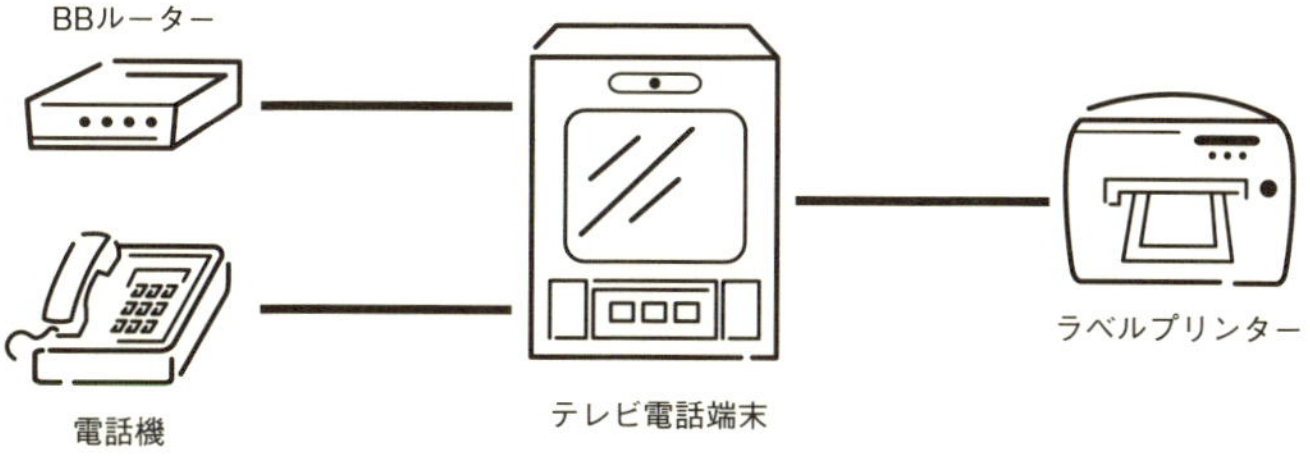

生産者の家庭に設置されたテレビ電話端末は，道の駅からの情報（売れ筋情報など）の確認から，端末を操作しバーコードラベルの印刷，集荷要請までできる。設置者間でのテレビ電話も可能。

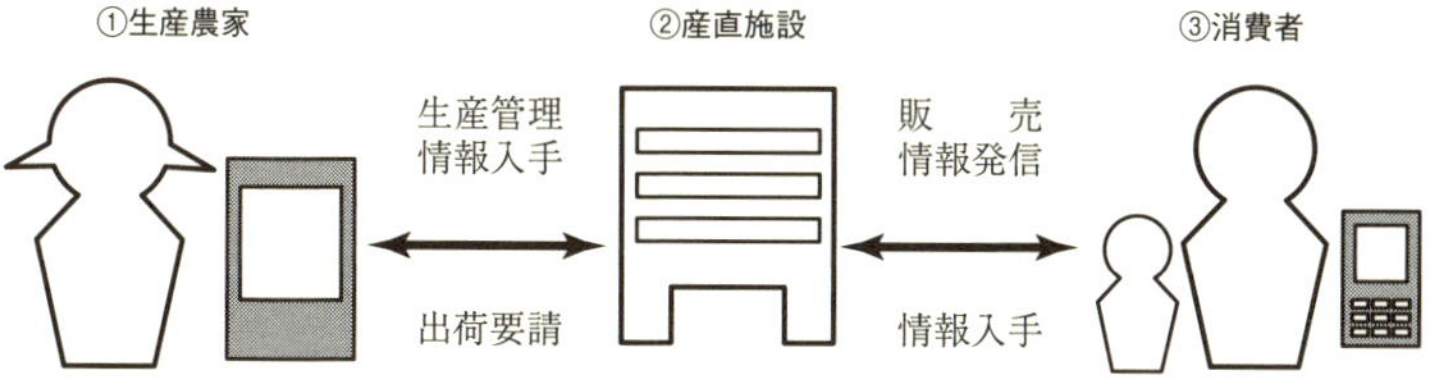

道の駅舞ロードIC千代田などの産直施設を核に，生産農家と消費者がつながっていくシステムを構築し，小さな農業の元気回復を目指す。

出典：北広島町『広報きたひろしま』2012年2月号より

者―道の駅―消費者」の三者間の情報交換がよりスムーズになることが期待されている。

「産直システム」は現在、実証実験の段階にあり、五〇名の生産者がモニターとなり機能や操作性を評価している最中である。舞ロードではその評価を受けて、より使い勝手の良いシステムの構築を目指している。今のところ生産者からは、「舞ロードからの情報で販売量がリアルタイムでわかるので迅速な対応ができる」「売れ筋情報を参考にして、作付の計画が立てやすくなった」「バーコードラベルを自宅で印刷しておけるので、時間が節約できる」などの意見が出ており、おおむね好評のようである。

中山間地域の課題に挑む道の駅

舞ロードは町営であることのメリットを活かし、町ぐるみの地域振興・農業振興のいわばエンジンの役割を担っている。パークアンドライド機能、出張産直、集荷システム、いずれも道の駅の先進的な取り組みである。北広島町と舞ロードは、全町的な体制をとることで、中山間地域の最大の地域課題である高齢化と交通不便の状況に同時に挑んでいった。

創意工夫で「外」の市場を開拓しながら、「内」の生産体制を整える。それによって経営が安定化し、地域の福祉への貢献もさらに拡充していく。制度がスタートした時点で、道の駅がこうした地域振興の役割を担うことになるとは、誰も想像していなかったことであろう。

中山間地域の多くの道の駅は、存立時点ですでに、高齢化と交通不便という条件不利地域ならではの問題を抱えている。直売所の運営自体、「小さな生産者」の大きな支えとなっている。舞ロードの事例は、中山間地域の産業振興における福祉視点の必要性、また道の駅がその取り組みの中心になることの有効性を示しているといえよう。

3 well-beingの思想に基づく「産業福祉」の時代

「産業福祉」とは、まだほとんど世間では認知されていない概念であろう。だが実際、限界集落などの条件不利地域の現場ではこのことが強く意識されつつある。今後、議論が深められていく分野であろう。

舞ロードの集荷や産直システムは、個々の農家の庭先にまで流通システムを張り巡らせることによって（産業面の拡充）、高齢者が農業を続けることをサポートする（福祉面への効果）。それは高齢農家にとって所得の確保だけでなく、健康を維持する手立てになっている。そして何よりも、社会とつながりを持ち続けることにより、生きがいの創出にまでつながっていることの効果が大きい。このように産業福祉とは、産業面の拡充により福祉面への効果が期待されることを指す。

序章で述べたように、農業経済学者の小田切徳美氏は、現代の農山村の最大の問題は「誇りの空洞化」にあると述べている。こうした産業福祉の取り組みが農山村や中山間地域に拡がることで、人びとは誇りを取り戻し、個人が地域社会に受容されることによって、地域社会もまた新たな活力を得ることになろう。産業福祉は、超高齢地域社会の自立の鍵となる概念である。

また、産業福祉の取り組みによって、結果的に医療費や介護費などの社会保障費が抑えられることになれば、地域経営の観点からも有効性が高くなるといえる。この点は今後、検証したい課題である。

拡がる「庭先集荷」

このような「産業福祉」の興味深い取り組みとして、条件不利の中山間地域から別の二つの試みを挙げておきたい。

高知県西南部に位置する黒潮町では、県の自治研究センターが中心となって、二〇〇七年から「庭先集荷」の実証実験を重ねてきた[4]。高知県の交通体系は、東西に走る幹線道路を細い道路が南北にまばらに縦断する「まつげ型」であり、山間部には交通弱者が数多く存在する。

黒潮町では、町のビジネスサポーターを務める田辺満子さんご夫婦が、そうした山間部を回って農産物を集荷している。全体を一〇地区に分け、地区ごとに集荷ボックスが配置されている。生産者はそのボックスに農産物と出荷伝票を入れておく。田辺さんご夫婦は軽トラックで一日一回、各地区を巡回し、農産物を集めて町内三カ所の直売所に運ぶ。午前七時の開店に間に合うよう、巡回は朝五時半からスタートする。この「庭先集荷」事業は国土交通省の補助制度を利用しており、田辺さん宅にはガソリン代など一カ月に一〇万円が支払われている。

呼びかけ人でリーダーでもある黒潮町役場の畦地《あぜち》和也氏らのグループは、この庭先集荷について利用者にアンケートを実施し、生産者たちの声を反映させながら改善を重ねていった。

アンケート結果からは、「耕作と出荷への意欲が増した」「畑仕事を計画的にやることができ、生きがいになっている」「新しい野菜の栽培を始めた」など、庭先集荷によって将来への展望が拓けていった様子がうかがえる。さらに、「出荷をつうじて、ご近所さんとふれあうのが楽しみになった」「ビジネスサポーターの方やボランティアの学生さんたちとの新たな出会いに喜びを感じる」「庭先出荷のことを言ったら、夫が畑仕事を手伝ってくれるようになった」など、新たな出会いや交流を生み出していることも大きな効果のようである。

この黒潮町の庭先集荷の実験も舞ロードと同様、中山間地域の「産業福祉」のひとつのモデルを創出しつつある。条件不利地域の限界集落から、新たな地域ビジネスモデルが生まれている。

また島根県では、地元の大学生が集荷の担い手となり、やはり「産業福祉」に貢献している活動が注目される。島根大学の後藤臣彬《まさあき》氏を中心に、島根県と関西圏の大学生たちで組織される「学生マルシェ」というサークルである。

その主要な活動は、学生たちが県内の中山間地域に住むお年寄りの生産者たちのもとを巡回し、農産物を集荷するというものである。集荷した農産物は、後藤氏の地元である大阪市淀川区の商店街の一角を借りて開設した農産物直売所で、週に一～二度販売される。

活動は地域ごとの分業体制をとっている。集荷巡回は島根大学の学生たちがいくつかのエリアに分かれて行い、大阪の直売所の運営は関西圏の学生たちが担当する。学生はほとんど無給で働くボランティアであるが、農家に出入りするうちに新たな交流が生まれ、社会的意義の深い事業に参画していることの意識が芽生えていくようである。

多くの学生は卒業と同時にサークルを去る。しかし、たとえ短時間でも「学生マルシェ」に参加することによって、若い世代が社会参加の苦労や喜びを実地で体得していくことの意義は深い。高齢者たちも大学生との出会いと交流に心を弾ませ、学生の意見を取り入れて新たな加工品開発に向かうなど、大きな相乗効果を生んでいる。島根の学生マルシェは、産業福祉としての側面だけでなく、異世代間の都市・農村交流のモデルとしても注目される。

地域の複合拠点

島根県中山間地域研究センターの藤山浩氏は「買い物弱者」をつくらないために、地域ごとに複合型の拠点を置くことを提唱している(5)。小学校区ほどの生活圏ごとに「郷《さと》の駅」を配置し、域内外を結ぶ交通と物流の中心機能を持たせる。さらに、コミュニティ、行政、商業、医療、福祉など生活と産業に関わるさまざまな機能を集中させ、地域のワンストップ・センターにするという構想である。加えて、農産物直売所や加工場、再生可能エネルギーのプラント、電気自動車を使ったデマンドバスなども設置すれば、農村発の循環型コンパクトシティのまちづくりにも発展していくだろう。

新たにこうした拠点を整備していくには多大なコストがかかるが、現状すでにある道の駅にこれらの機能を付加させていくことは比較的、容易にできるのではないだろうか。実際、意識の高い道の駅はこれまでも、高齢社会に即してさまざまな機能を拡充してきている。またすでに述べたように、東日本大震災を契機として災害時の防災・備蓄機能への意識も高まっている。

その結果、道の駅は今や、休憩、情報発信、地域の連携という三つの機能を超えて、地域持続のための複合

図5－4　地域を豊かにする「道の駅」のモデル

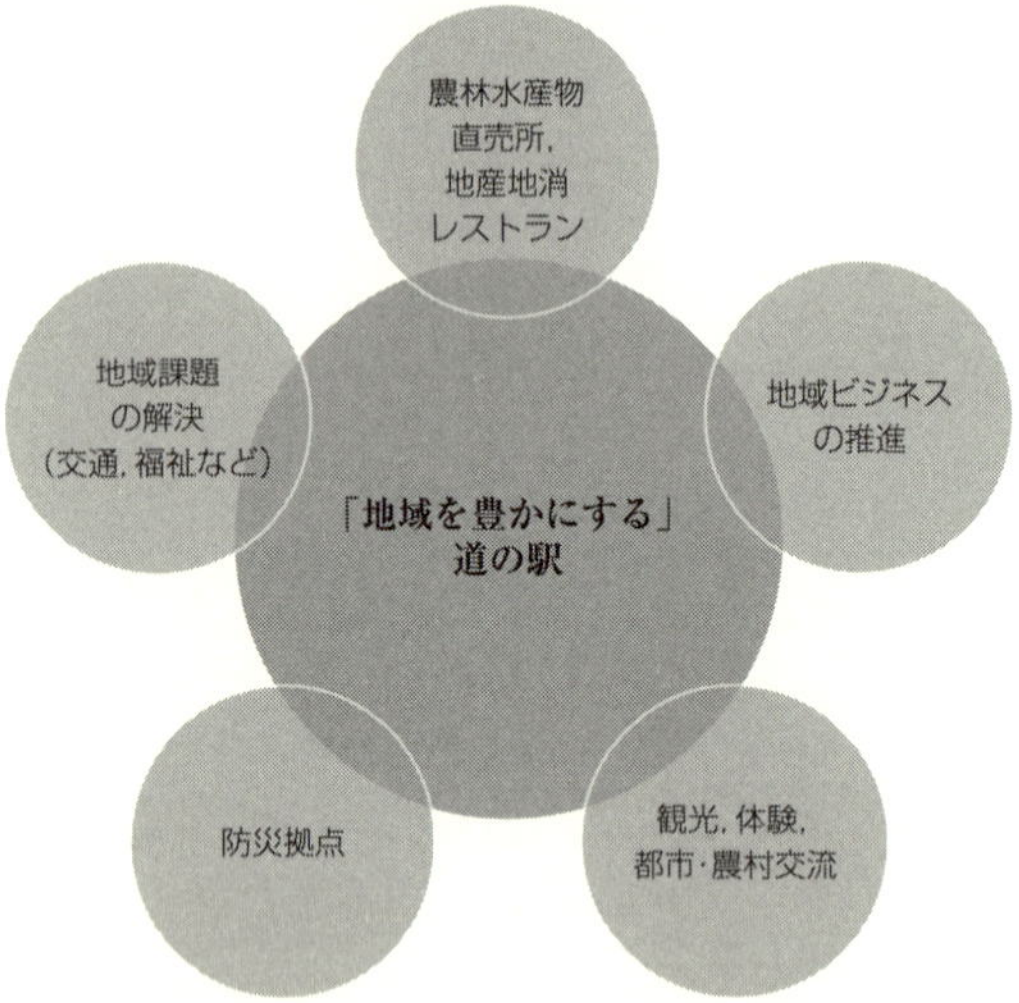

拠点としての役割を期待されるようになっている。図5-4は道の駅が関与しうる地域の取り組みと課題をあげている。制度開始から約二〇年、道の駅は機能を着実に拡大し、「産業福祉」の観点を含む地域複合拠点として進化しているのである。

道の駅や直売所に農産物を出荷する人びとや、そこで働く人びとは「毎日の出会いが楽しい」「農山村の狭い生活が一変した」と笑顔で語る。閉鎖的とされてきた農山村の社会のなかで、「自立」を目指して立ち上がりつつある人びとが増えている。どの道の駅も来客者数が右上がりで伸びていることをみてもわかるように、道の駅は「新たな関係」を築く創造的な場となってきた。

東日本大震災の被災地の多くも一次産業を主体とした地域である。したがって、震災復興においても、「生活の場」と「生産の場」が一体である農村型コミュニティを発想の基軸に置くべきである。その意味で、地域複合拠点としての可能性を持つ道の駅が果たす役割はきわめて大きい。それは成熟社会の指針としても希望に映る。

welfareからwell-beingへ

先にみた北広島町の道の駅「舞ロードＩＣ千代田」は、そうした地域複合拠点のモデルといえる。地域のケーブルネット網を活用した「産直システム」はまだ社会実験の段階であるが、運用を開始すれば、中山間地域の新たな社会問題克服の担い手として存在感が増してくるであろう。また集荷事業による「産業福祉」へのアプローチは、現在の社会福祉の方向性に適合するものである。

現在、「福祉」の概念は、従来のwelfareからwell-beingに変わりつつある。welfareが救貧・保護など「弱者の救済」に基づく視点が強いのに対し、well-beingはそうした旧来の福祉の意味のほかに、健康、生きがいや働きがいの創出、自信や誇りの保持などの広義の意味合いを含んでいる。いわば、住民を福祉の「対象」ではなく「主体」として捉えるパラダイム転換が起きつつあるともいえる。そうした価値の転換に基づけば、「福祉」は行政から与えられるものではなく、住民自らが互いに支え合いながら創り出していく営みに変わるだろう。

このような福祉概念の転換も踏まえつつ、地域における「産業福祉」を定義するならば、「地域の産業をつうじて、年を重ねながらも仕事を続け、健康を維持し、生きがいを得て、well-beingを実現し、地域を豊かにしていく取り組み」ということになろう。

今後、地域の最大の課題は「地域を支えてきた人びとが支えられる立場に変わりつつあること」である。「支えられる立場」の者も新たな仕組みのもとで地域社会や産業活動に携わることにより、「支える立場」に転じることができる。そして道の駅や農産物直売所は、そのような「well-being」の思想に基づく産業福祉」を築く中核の存在となっていくことが期待される。

（1）財団法人地域活性化センター『「道の駅」を拠点とした地域活性化』（二〇一二年三月）。なお、筆者は調査の企画段階から携わり、報告書の監修を行った。

（2）道の駅の制度開始前の社会実験については、関満博・酒本宏『道の駅／地域産業振興と交流の拠点』新評論、二〇一一年を参照。

（3）財団法人地域活性化センター、前掲報告書、第三章を参照。

（4）以下、社団法人高知県自治研究センター『コミュニティ・ビジネス研究 二〇〇九年度年次報告書』（二〇一〇年一〇月）を参照。

（5）藤山浩「買い物弱者をつくらない地元の創り直しを――『郷の駅』を核とした複合型の拠点構造をめざせ」（『地域づくり』二〇一一年五月号、八－一三頁）参照。

第6章

地域産業政策の未来と自治体の役割

ここまでの各章でみてきたように、中国山地の農山村や中山間地域では、人口減少と高齢化という条件不利を乗り越え、産業活動が自立に向かって深化しつつある。その代表的な取り組みとして、地域自治組織、集落営農、農村女性の起業、地域型社会的企業、道の駅や直売所を通して実現される産業福祉などが挙げられる。いずれも住民主体の創造的な活動で新規性を帯びている。このような動向は中国山地に限らず、不利性の高い離島や山間部などで全国的にみられるようになってきた。

こうしたいわば「民」主導の内発的な流れに呼応し、行政側も産業支援・地域支援のメニューを多様化させ、柔軟に対応しようとしている。地域産業政策は、これまで農林業と商工業で隔たりがあったが、序章でも触れたように省庁横断的な取り組みも始まっている。また、個々の自治体のなかでも、現実の動きを見据え、「農」と「商」を融合した支援を意識するところが現れている。とくに、人口規模の小さな自治体ほど機動性に富み、従来から「農」と「商」の連携を深めていたようである。市町村合併で多くの基礎自治体が広域化し、もともと隣同士であった旧町村が互いの地域資源を融合し、興味深い動きを作り出している自治体もある。中国山地でいえば、島根県では益田市、邑南町、雲南市、広島県では北広島町がとくに目覚ましい。

本章では、人口減少・高齢化に悩む地方の現状に即して、地域産業政策は今後どのような方向に向かうのか、またそこでの自治体の役割はどのようなものかを考えてみよう。まず自治体の産業振興の最近の傾向を概観したうえで、具体例として島根県益田市と邑南町の産業政策についてみていくことにしたい。

1　自治体は産業振興に力を入れつつある

序章でみたように、日本の地域産業政策は長らく国の主導によるものであった。したがって、都道府県や自治体は国の産業政策に依存しがちで、地域独自の産業政策が生まれにくい構造があった。

(1) 地方自治体の産業政策

この点について、関満博教授は次のように指摘している。[1]

元々、地方自治体の「産業政策」とは、実態的には「商工対策」とされ、国の形成した政策を実施していくだけという場合が少なくなかった。これまでの日本は、国、都道府県、市町村という縦系列の階層構造の中で、経済産業省が作った「産業政策」を下層の地方自治体が受け止め、消化していくにすぎなかった。地方自治体自身が地元の事情を背景に独自に「産業政策」を形成することなどは、期待もされていなかったのである(関・松永編［二〇〇九］六〇二頁)。

つまり、都道府県や市町村では独自の産業政策を展開していくノウハウが蓄積されてこなかった。だが近年では、地域の事情に即応した独自の産業振興政策を打ち出す基礎自治体が目立ち始めている。

また、植田浩史教授も、全国の基礎自治体のうち、独自の産業振興を積極的に展開しているのはおそらく一割の自治体にも満たないとしたうえで、その理由を、①自治体自身が独自の施策を持つことの必要性や危機感をまだ感じていないこと、②これまでに地域独自の産業振興、中小企業振興の経験がないこと、③地域内の産業、企業に関する状況が十分に把握できていないこと、としている。[2]

たしかに、地方分権化がいまだ道半ばの現在、地方自治体が産業政策においてイニシアティブを発揮しにくい構造がいまだ残っている。だが、とりわけ二〇〇〇年代後半以降の数年間に状況はかなり改善され、後述するように、市町村が独自の産業政策を展開する動きも現れてきている。それはむしろ、人口減少と高齢化が進む日本の地方の現状と、そのなかで住民自らが自立に向けて歩み始めている現状に、産業政策がようやく追いついてきているとも表現できるのかもしれない。

(2) 基礎自治体の産業政策に関する調査

では、具体的にどれほどの自治体が独自の産業振興を意識して、どのような施策に力を入れているのか。このあたりの事情を、アンケート調査からみていくことにしたい。

筆者は二〇〇六年六月、地方自治体の産業政策の全国的な実態を把握するため、「自治体産業振興に関するアンケート調査」を実施した[3]。調査対象は、全国八四九自治体（四七都道府県、東京二三区、一五政令指定都市、七六四市全市）を対象とした。「平成の市町村合併」が一段落した時点で、政策の策定状況、予算や担当課人員数の推移、産業振興の柱や課題などについて尋ねたものである。回収件数は四二五件、回収率は五〇・一％であった。以下では、このうち都道府県を除いた三九六市区を対象に分析する。

ビジョンと条例の制定状況

まず、自治体による地域産業政策を明文化したものとして、産業振興ビジョンと産業振興条例（いずれも中小企業振興や地域経済振興と題されたものも含む）の二つについてみてみよう。

産業振興ビジョン（以下、ビジョンと略）は、策定後五年ないし一〇年間の産業振興の方向性を示すもので、当該自治体の上位計画である「総合基本計画」の下に位置づけられるのが一般的である。他方で、産業振興条例（以下、条例と略）は当該自治体の議会での議決を経て制定する法規であり、住民は制定や改廃を求める請求権を有する。つまり、条例にはビジョンにはない法的責任の発生が伴うことなど、両者にはいくつかの違いがあり、同列には論じられないことをまず確認しておきたい。

しかしながら、例えば「中小企業振興条例」などの場合、自治体の「宣言」として打ち出すことを第一義としているので、都市計画法と密接な関係にある「まちづくり振興条例」等のような法的拘束力はそれほど生じないといえる。これらを踏まえ、ここではビジョンと条例の両方を自治体が地域産業政策の方向性を明示したものとして扱う。

回答した三九五の基礎自治体の産業振興ビジョンあるいは条例の制定状況は、①「ビジョンあり」が二〇・八%、②「条例あり」が一九・七%、③「ビジョンと条例両方あり」が七・一%、④「両方なし」が五二・四%という結果であった。産業振興を政策として明文化している自治体は半数に満たないということになる。

表6-1は、右の結果を自治体の人口規模別にクロス集計したものである。人口規模が大きい自治体ほどビジョンが、小さい自治体では条例が制定されていることが相対的に多いようである。また、ビジョン・条例いずれか、もしくは両方を制定している自治体の割合は、人口規模が三〇万人以上では八〇・〇%、一〇～三〇万人では五六・〇%、五～一〇万人では三二・三%、五万人以下では四三・六%となっている。したがって、人口規模が大きい自治体ほど、産業振興政策の明文化が進んでいるといえる。

二〇〇〇年以降の制定が過半

次に制定年に注目すると、ビジョンを持っている自治体の約六〇%（六七自治体）、条例を持っている自治

図6－1　基礎自治体の産業振興ビジョン・条例の制定

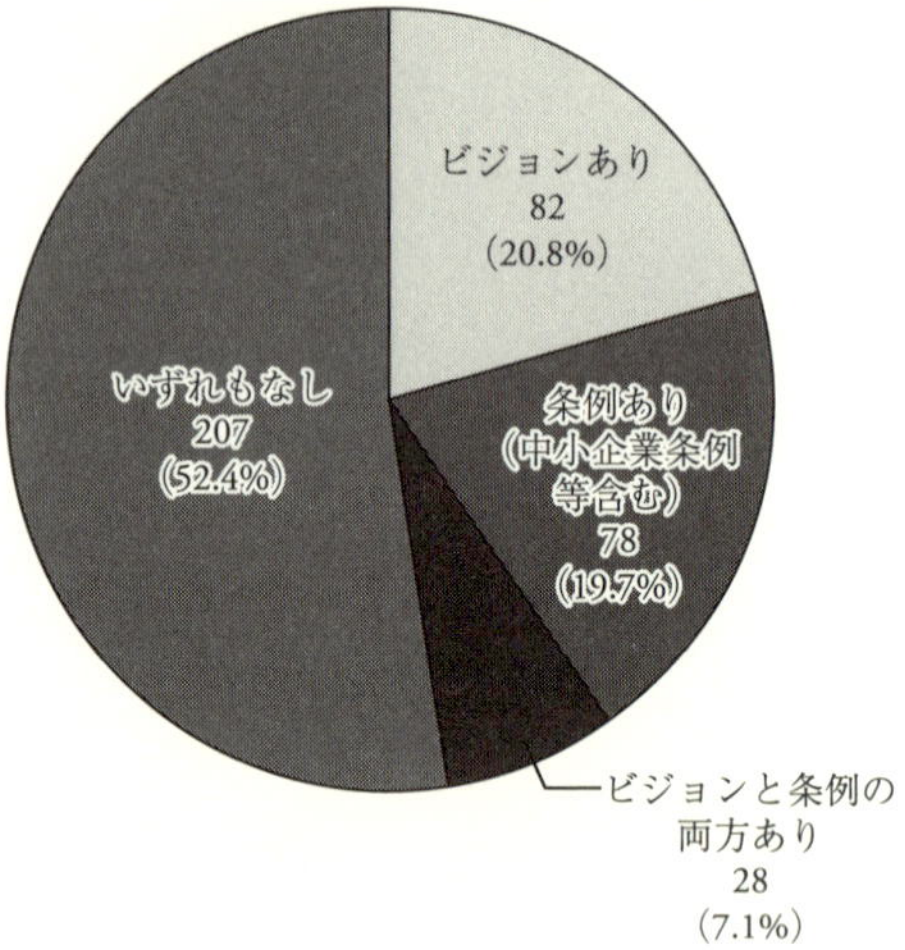

表6－1　人口規模別の産業振興ビジョン・条例の制定状況

人口規模	ビジョンあり	条例あり	両方あり	両方なし	合　計
5万人以下	14 12.0%	32 27.4%	5 4.3%	66 56.4%	117 100.0%
5～10万人	17 13.7%	18 14.5%	5 4.0%	84 67.7%	124 100.0%
10～30万人	30 27.5%	20 18.3%	11 10.1%	48 44.0%	109 100.0%
30万人以上	21 46.7%	8 17.8%	7 15.6%	9 20.0%	45 100.0%
合　計	82 20.8%	78 19.7%	27 7.1%	207 52.4%	395 100.0%

注：χ2検定（$\chi 2 = 54.895$, $df = 9$, $p < 0.001$）

図6－2　産業振興ビジョンの制定年

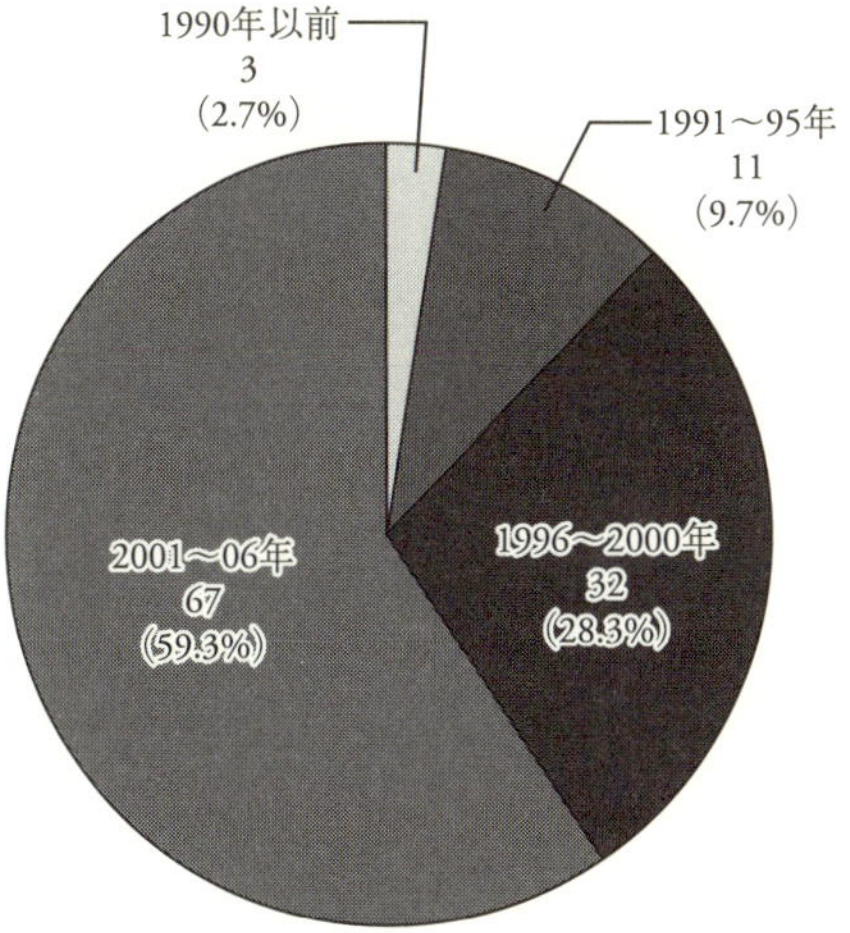

図6－3　産業振興条例の制定年

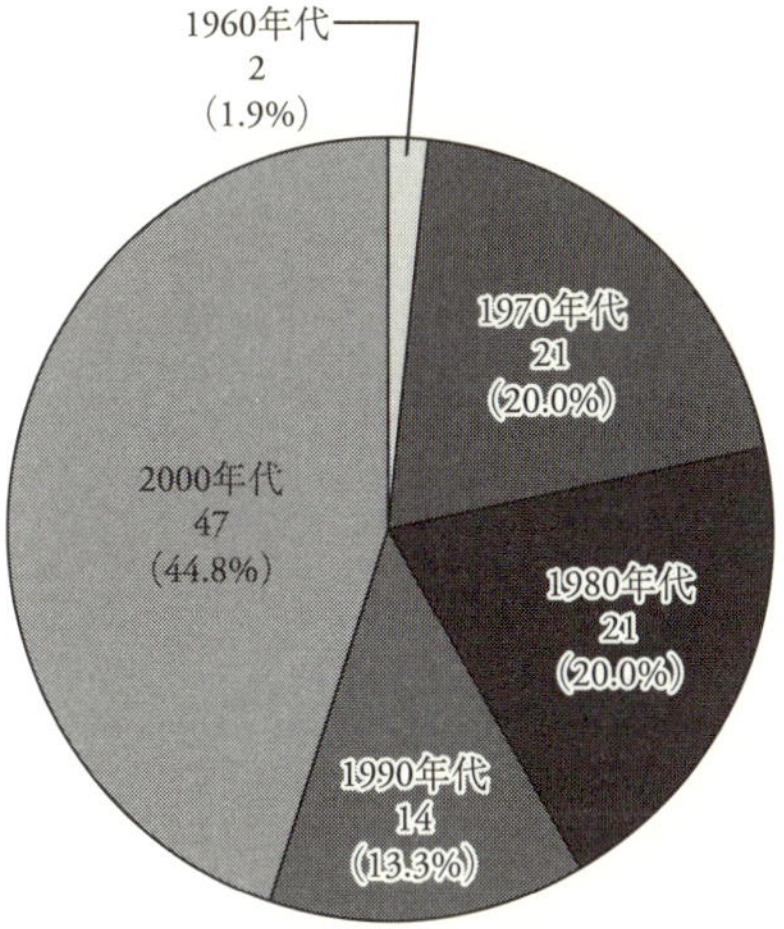

体の約四五％（四七自治体）が、二〇〇〇年以降の制定である。二〇〇四〜〇六年だけでも三五の自治体が条例を制定しており（予定を含む）、産業振興政策の明文化はここ一〇年の動向が顕著であるといえる。

条例は、一九七九年制定の墨田区を皮切りに、当初は東京都の特別区（二三区）を中心に広がっていった。墨田区や大田区（九五年制定）では条例を機に産業政策に力を入れるようになっていく。しかしその後、一九九〇年代以降、条例制定の顕著な動きはみられなくなっていた。それが二〇〇〇年前後に、地方分権化の流れが生じ、また中小企業基本法改正により中小企業政策における自治体の役割が変わったことによって、条例を制定する自治体が増えてきているのである。

また、「平成の市町村合併」が、ビジョンあるいは条例の制定を促した側面も小さくない。新たに市町となったのを機に、ビジョン・条例によって産業政策の具体的な目標を明示し、総合基本計画の中心に据えるところが増えてきた。

政策制定の有無と重点施策の関連性

続いて産業振興の具体的な施策メニューをみてみよう。図6-4は、産業振興の主要施策のうち、柱としている重点施策を複数回答で、このうち予算とマンパワーを最も要する施策はどれかを単一回答してもらい、まとめたものである。また表6-2は、ビジョン・条例のいずれかもしくは両方あり（政策あり＝一八八）と、ビジョン・条例のどちらも持たない自治体（政策なし＝二〇七）とに分けて、重点施策との関連性を探ったものである。

これらをみると、「地域中小企業の経営支援」「地場産業の積極的振興」「企業誘致」は、自治体自身も施策の主要な柱と認識しており、予算とマンパワーが多く割かれている様子がうかがえる。またこれらの施策は、

図6－4　産業振興の主要施策——予算とマンパワーの比較

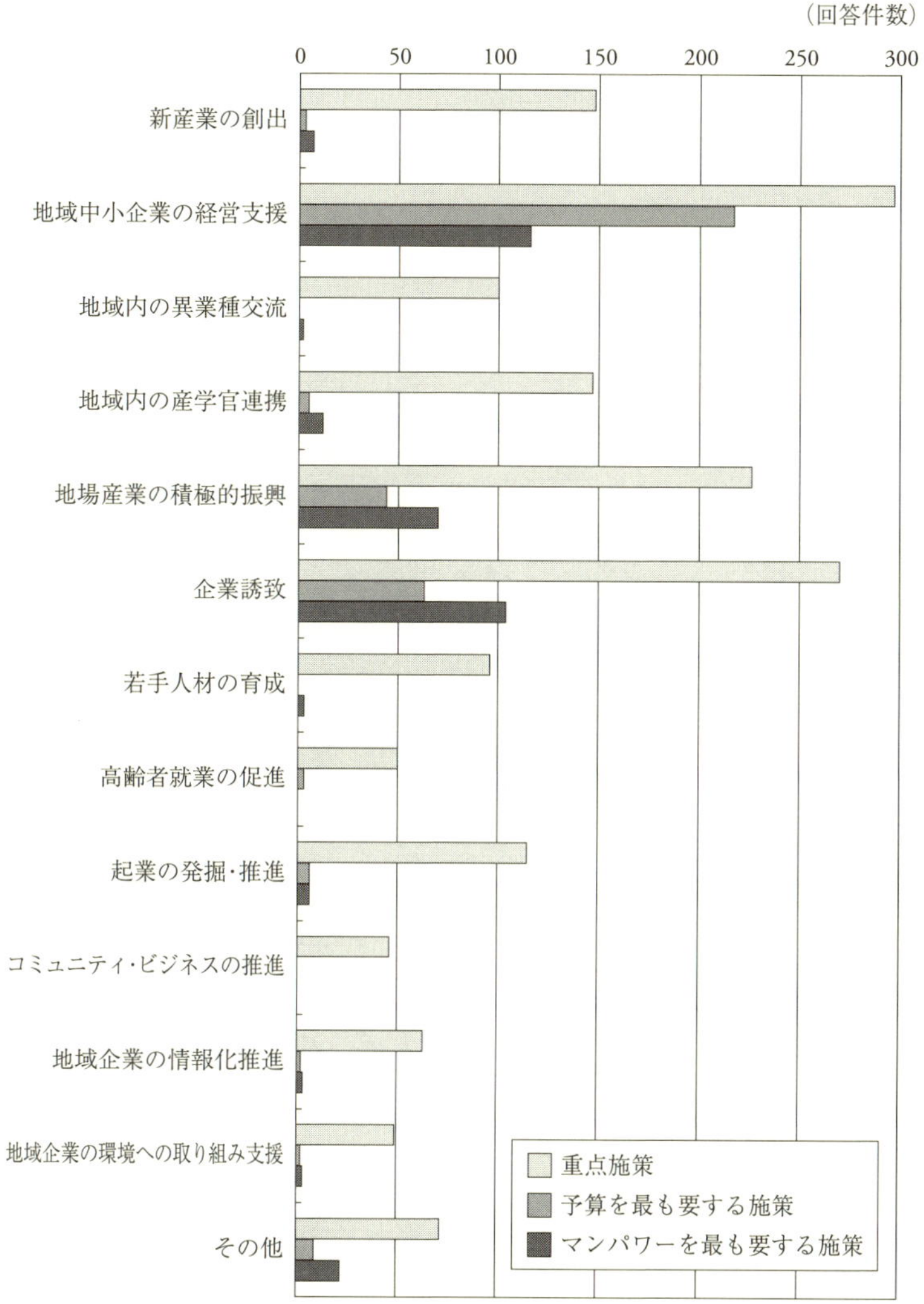

表6－2　産業振興政策の有無と主要な施策

主要な施策	あり	なし
新産業の創出	46.8%	29.0%
地域中小企業の経営支援	78.2%	73.0%
地域の異業種交流	36.7%	15.0%
地域内の産学官連携	47.3%	28.0%
地場産業の積極的振興	59.6%	55.1%
企業誘致	69.2%	67.6%
若手人材の育成	34.6%	15.0%
高齢者就業の促進	13.3%	12.1%
起業の発掘・推進	41.5%	17.9%
コミュニティ・ビジネスの推進	16.0%	7.8%
地域企業の情報化推進	23.4%	9.2%
地域企業の環境への取り組み支援	18.6%	6.8%

注：「政策あり」（N＝188）はビジョンあるいは条例あり，「政策なし」（N＝207）はいずれもなし。複数回答。

ビジョンや条例の有無に関わらず、産業振興の根幹として意識されていることがわかる。その一方で、ビジョンや条例がある、すなわち明確な産業政策を有している自治体は、「新産業創出」「異業種交流」「産学官連携」「人材育成」「起業の発掘・推進」等に力を入れていることがうかがえる。とくに、異業種交流、産学官連携、起業に関する施策では、ビジョン・条例の有無によって意識差がみられるようである。

多くの自治体は現在、地域の独自性が表れる「地域中小企業の経営支援」等に加え、国が推進する中小企業政策の新動向としての「連携」や「起業」にも対応していくことが求められている。そのなかで、ビジョンや条例を制定している自治体ほど、産業振興の施策メニューが多様なようである。産業振興分野でも「選択と集中」が意識される昨今であるが、政策をビジョンや条例として明文化する際、行政の守備範囲として広く取りこぼしのない総花的な施策になっていることが現実には多いと考えられよう。

一方で、予算とマンパワーを最もかけている施策に注目すると、予算は「中小企業の経営支援」が突出しているが、

表6－3　産業振興政策の有無と課題の関連性

産業振興の課題	あり	なし
予算が少ない	39.4%	40.1%
担当職員数の不足	31.9%	33.3%
産業振興の成果があがりにくい	44.2%	32.8%
担当職員が短期で異動してしまう	13.3%	13.5%
地域企業に産業振興施策が周知されていない	11.8%	4.8%
産業振興のノウハウの蓄積がない	29.3%	42.5%
核となる産業が地域内にない	31.9%	33.8%
廃業・倒産件数の増加	17.0%	14.5%
国の政策との棲み分けができていない	3.7%	2.4%

注：表6－2と同じ。

マンパワーでは「中小企業の経営支援」と「企業誘致」の二つが拮抗している。とくに「企業誘致」は、重点施策と位置づける自治体も多く、予算の集中度も高いことから、現在も産業振興策の柱のひとつであることがうかがえる。

自治体が「課題」と感じている点

産業振興の予算については、回答した自治体のうち四割が少ないと感じている。実際、総予算に占める産業振興予算の平均値は、一九九六年の三・一三％から、二〇〇六年には二・六七％へと落ちており、過去一〇年間の減少傾向は明らかである。

産業振興ビジョンや条例の制定は活性化しているものの、予算は減少傾向にあるというのが実情で、そのなかで自治体は独自の施策を打ち立て、地域産業政策や中小企業を支援していくことが求められている。

予算以外の課題としては、ビジョン・条例を有している自治体では「成果があがりにくい」「担当職員数の不足」が、ビジョン・条例がない自治体では「ノウハウの蓄積がない」「核となる産業が地域内にない」が上位にきている。ビジョン・条例の有無によって課題の所在がやや異なるようである。ビジョンや条例を有している自治体は、施策の実効性に対する意識が強く、また施策メニューの豊富さに対応できる職員数の確保を望んでいることがうかがえる。これに対して、ビジョンや条例を有していない自治体では、ノウハウや産業の厚みなど、いわば振興施策の前に解決すべき課題が浮上しており、経験と意識の差が表れているようである。

調査からの示唆

ここで、アンケート調査の結果から得られる含意を整理しておこう。

第一に、産業振興ビジョンや条例を制定する自治体が増え、地域ごとに独自の産業振興に取り組む傾向が高まりつつある。とはいえ、自治体の計画策定や補助金交付に関する権限の多くは国が握ったままであるなど、現状ではいまだに自治体がイニシアティブを発揮することを阻む構造的な問題も残っている。各種の中小企業支援事業なども、自主財源だけではカバーできないため、多くの自治体が国の補助を受けざるをえない。するとどうしても、国の地域産業政策の基本方針が支援事業に反映されることとなる。財政難に苦しむ自治体が増えるなか、独自の産業振興施策を展開しようと思っても、実際には国の補助を意識した施策に傾かざるを得ないというジレンマが存在するのである。

第二に、市町村合併を経て、産業振興政策を仕切り直す必要から、ビジョンや条例の制定は今後も増加すると思われる。しかし、合併による行政の効率化や財政改革で、短期的な費用対効果の大きい政策に予算が集中し、施策の長期継続性を要し、かつ数値的な評価がしづらい産業振興の分野には、予算面で圧迫が生じている。そのような流れのなかで、自治体は地域の実情を踏まえ、効果のある施策を独自に編み出し、地域の産業を長期的に支援していくことが望まれる。

なお、このアンケート調査の後に、序章で述べたような「農商工連携」や「六次産業化」などに関する国の政策が本格始動し（とりわけ二〇〇八年以降）、現在の基礎自治体の産業振興のトレンドは確実に「農」や「食」の取り組みを意識したものに向かっているようである。とくに人口規模が小さな中山間地域の自治体にとっては、これらの法整備により、大きな転換期を迎えている。市町村の産業政策も、中小企業・商工対策だけでなく、農業政策や広い意味での地域振興との融合を意識しなければ、現実の動きに対応することができなくなっている。

2　農商工連携を意識した地域産業政策の新動向

二〇〇五年前後の「平成の大合併」を経て、各地の地域の形が大きく変わり、とりわけ市町村レベルの産業政策の必要性が認識されるようになった。地方では合併による広域化によって、中山間地域を抱える自治体が増えた。そうした地域では人口減少と高齢化が深刻であり、公共事業が減少し、基幹産業であった建設部門の状況も悪化するなど、条件不利がいっそう進んでいた。その分、地域の人びとの間に「自立」を意識した動きがみられるようになってきたともいえる。

例えば、島根県の場合、こうした「現場」の状況を強く意識して、市町村単位での産業振興に力を入れてきている。その一端として同県の人材育成の取り組みを紹介しておこう。

島根県では二〇〇七年度から、市町村の産業振興担当の若手職員を対象にした人材育成の場を設置している。これは「しまね立志塾」と名づけられ、年に六回、塾頭である関満博教授をはじめとする講師から産業振興の心構えについて講義を受けたり、実際に地域産業や企業の現場に入って実習を積む。毎年、二〇〜三〇歳代の若手職員、産業振興の経験一〜二年目の職員が二〇人ほど集い、一年間の講習を終えると卒業となる。五年目となる二〇一一年度の時点で、卒業生は一〇〇人を超えるまでになった。日々の業務に追われ、地元の企業を訪問したことすらなかった行政職員が、一年の間に企業との付き合い方や産業振興の要諦をじっくり学ぶ。そして卒業後は自分なりのやり方を打ち立て、熱意をもって地域と行政の関係を深めることに尽力していくのである。実際、島根県ではこの「しまね立志塾」の卒業生たちが中心となり、市町村レベルで新たな取り組みが次々に始まっている。各市町村の産業振興ビジョンも、彼らが中心となって策定されたものが多い。

なお、島根県の二一市町村のうち、独自の産業振興ビジョンを有しているのは、雲南市（二〇〇三年一二月）、安来市《やすぎ》（〇六年三月）、浜田市（〇七年三月）、出雲市（〇七年三月）、大田市《おおだ》（〇七年三月）、江津市《ごうつ》（〇七年一二月）、東出雲町（〇八年三月）、飯南町（〇九年三月）、益田市（〇九年一〇月）、邑南町（一一年三月）の七市三町である。

以下ではそのなかから、益田市と邑南町の産業振興ビジョンを紹介したい。いずれも三〇代の若手職員が中心となり、現場の意見を踏まえて、手づくりで作成したものである。通常、産業振興ビジョンの策定は、シンクタンクなどに委託するケースが多いが、益田市と邑南町ではそのような形はとらなかった。住民代表が集まって行政とともに策定委員会を組織し、話し合いを重ね、それぞれの思いが詰まったビジョンを自前で形にしたのである。なお、筆者もこの両市町の策定委員会に委員長として関わり、中山間地域の現場の声をビジョンに反映できるよう努めた。

(1) 益田市産業振興ビジョン

島根県益田市は二〇〇四年一一月に、旧益田市、美都町、匹見町が合併して誕生した。面積は七三三・二四平方キロメートルで県内最大であり、最西部で山口県と接している。また、何度か触れたように、旧匹見町は「過疎発祥」の地とされている。

益田市の産業振興ビジョンは、二〇〇九年五月に第一回目の策定委員会が開かれ、その後四カ月にわたって委員会・ワーキング部会ごとの会議を計一三回開催、十分に議論を重ねたうえで、同年一〇月に策定された。

循環型で人間重視の社会を目指すビジョン

益田市の産業振興ビジョンの基本指針は、「若者が活き活きと働き、他地域との交流が盛んにおこなわれる『一流の田舎まち』づくり」である。(4) そして、若年者の都市部への流出、公共事業の減少等に伴い、地域経済が低迷し雇用情勢が悪化している現状を受け止め、産業振興による雇用の創出を最大の目標に掲げている。そのように現状を危機として認識し、方策を示したうえで、「一流の田舎まち」を次のように描いている。それは「田舎を中心とした価値観」に根差し、経済至上主義に基づく大量消費社会とは一線を画した「循環型でかつ人間重視の社会」であり、そこに住む住民が「自信と誇りを持ち、自ら考え行動する」まちである。

つまり益田市のビジョンでは、「一流の田舎まち」をまちづくりの理念としながら、それを支える経済的基盤として産業振興による雇用創出を目指すことが明言されている。出来合いの政策目標でなく、成熟社会を意識した内容で、しかも住民の主体的な意思が伝わってくるビジョンといえる。

なお、計画期間は二〇〇九年度から二〇一一年度までの三年間と比較的短期に設定されており、年度ごとにアクションプログラムの進行状況を公開し、住民の評価を受けながら施策の進行をチェックできるような体制をとっている。

「ものづくり産業」と「地域資源型産業」の二本立てでの支援

益田市では、「ものづくり産業」と『高津川』を基軸とした地域資源型産業」の二つの分野を産業振興の重点施策としている。前者では、とくに誘致企業と機械金属加工企業を中核企業と位置づけ、人材育成に最も力を入れている。実際に、二〇〇〇年代末頃から中核企業と教育機関とのパイプ役となって、高校生を対象としたインターンシップを実施し、すでに地元企業に入社した若者たちが「ものづくり」の次世代の担い手として育ち始めている。

序章でも述べたように、従来の産業政策はこのように中小企業、とりわけ製造業の支援をメインとしていた。益田市の場合も、「商工対策」は産業振興部署が中心であり、「農業対策」は農林漁業部門の担当部署や農協が担うといった形で、行政の縦割り構造が残っていた。だが、今回策定したビジョンでは、それを再考し、合併で広大に抱えることになった中山間地域を主軸に据え、農林業の周辺にまで踏み込んだ支援を意識している。それが「『高津川』を基軸とした地域資源型産業の振興」である。県西部を流れる高津川は、これまでたびたび「水質日本一」と認定されている日本有数の清流である。益田市ではこの高津川の流域全体を一つの社会経済圏として捉え、「森、里、海の連環による循環型社会」を目指す取り組みを進めている。

高津川流域の特産品は、メロン、トマト、イチゴ、柚子、ワサビ、鮎、ハマグリなどである。益田市のビジョンでは、これらを地域資源とした農商工連携による食品産業の振興や、森林資源を活用した循環型産業の発展を目指すとしている。そのアクションプログラムでも「ものづくり産業の振興」と同様、地元高校も交えたネットワークを形成し、若者たちとの共同作業から生まれた新商品のブランド化や販売を支援するなど、人材育成に最も力を入れている。

「ひとづくり」に力点を置く

益田市では、この産業振興ビジョンを施策として円滑に具体化していくために、策定から半年後の二〇一〇年四月に「産業支援センター」を設置した。センターは「情報集約と人材育成」をキーワードに、情報収集、就職相談や研修、若者同士の交流、地元企業とのコミュニケーションなど、将来世代が地域に根づくことを総合的に支援する機関である。スタッフ四人での発足だったが、二〇一一年には七人に増員、支援体制を強化させている。スタッフのなかには、ビジョン策定の中心メンバーである松本泰典氏（一九七四年生まれ）と藤田喜久雄氏（一九七四年生まれ、当時島根県庁から出向）が含まれている。

産業支援センターでは、ビジョンに基づいて策定された「アクションプラン」に沿って支援活動を進めている。そのアクションプランには、以下のように、職員たちの意気込みが伝わってくる文言が盛り込まれている。

市内企業の新たなチャレンジを応援。
行政として縦割りの弊害を排した企業支援を行います。
現場主義……企業訪問を基本とした現場主義を徹底します。
前傾姿勢……できない理由を考えるのではなく、どんな事も前向きに取り組んでいきます。

これは従来の「行政」のイメージを超えた宣言ではないだろうか。美辞麗句に飾られた出来合いのビジョンやプランを使うのではなく、自分たちで一語一語言葉を考え、話し合い、書いたことで、地域産業の振興に対する使命感や責任感を表明するものになったといえる。

アクションプランの具体的内容としては、①産業人材の育成・確保、②ものづくり中核企業の技術力強化、

③農商工連携による加工食品の開発・販売促進、④企業誘致の推進、という四つの柱が掲げられている。とくに①の人材育成に関しては、「高校生のレベルアップ・就職促進」と「大学生の就職促進」に最も力を注ぐことが記され、さらに「社会人のレベルアップ・離職防止」「農林業の担い手育成」「後継者の育成、起業創業の促進」など、地域全体の「ひとづくり」が意識されている。

通常、市町村の産業振興では、人材育成の主な対象は「社会人」や「後継者」である。その点で益田市では、高校生や大学生など就業前の若者の育成を最優先課題としていることが特徴である。人口減少に歯止めをかけることが、地域課題として強く意識されているのがうかがえる。

地方小都市の産業振興がなかなか目覚ましい成果をあげられずにいるなかで、益田市はユニークなビジョンの策定によって着実に地歩を固めてきている。実際、職員の熱心さが企業や住民に伝わり、行政と民間の間には強い信頼関係が築かれつつある。長期的な視野に立って人材育成に力点を置いていることは、地方小都市や中山間地域の産業振興に大きな示唆を与えるものであろう。

(2) 邑南町農林商工等連携ビジョン

益田市と同じく島根県西部の石見地域に位置する邑南町も、興味深い産業振興政策を展開している。邑南町は、二〇〇四年一〇月一日、旧邑智《おおち》郡の石見町、瑞穂町、羽須美村の二町一村が合併して誕生した。北で島根県浜田市と、南で広島県北広島町と接している。人口は一万一九五九人（二〇一〇年国勢調査）で、一九七〇年の一万七九一九人から三〇%以上の減少をみている。高齢化率は四〇・六%と県下でも高い方で、人口減少と高齢化に直面する典型的な中山間地域である。

益田市と同じく、邑南町でも住民参加型の策定委員会とワーキング部会での議論を重ね、二〇一一年三月に「邑南町農林商工等連携ビジョン」を策定した。基本理念は「『A級グルメ立町』の実現を核とした地域振興の推進」というユニークなものであり、「農」と「食」に特化した多彩な産業振興策を展開している。(5)

「田舎の逸品」普及の実績

邑南町はビジョン策定前からすでに産業振興で大きな成果をあげていた。中山間地域の「小さな生産者」を支援することによって、「農」と「食」に関わる産業を地域ぐるみで「束」にし、全国市場を開拓していたのである。地元で興味深いイベントを繰り返し開催し、地産地消レストランを展開するなどして、住民と密着した産業振興の仕組みを形成、それを土台に首都圏に打って出た。それが呼び水となって定住者も増えつつあった。

ビジョン策定の目的は、その成果を内外にさらにアピールし、「農」や「食」関連の起業家を呼び込み、定住者を増やすことであった。ビジョンでは町の産業振興の方向性を次のように定めている。

「食」を今後の地域活性化に向けた重点テーマに据え、農林商工等の異業種が連携し「生産」「加工」「調理」「交流」の各産業分野の更なる革新とそれらの産業群を有機的につなぐストーリーの創出に取り組みます。

自然の恵みに富む邑南町は、熱心な和牛ファンから絶賛される石見和牛をはじめ、ハーブ米、醤油、地酒、自然放牧の牛乳、米粉スイーツ、キャビア、ブルーベリーなど、特産品がきわめて豊富である。町政は中山間地域でこれらの農畜産物を作っている「小さな生産者」たちの力を結集し、一人の行政マンが独自に開発したネット通販システム「みずほスタイル」をつうじて、「田舎の逸品」が全国に普及する仕組みを作ってきた。また、他地域の「田舎の逸品」を逆に町に持ち寄ってもらい、審査を経て地域ブランドとして認定する「Oh!セレクション」というユニークなイベントを企画開催するなど、外部の人びとをも惹きつける仕掛けを実施してきた。そうした「人と人の交流」や「縁」のなかでは、さまざまな「ストーリー」が生み出されるものである。行政職員を含め、事業に関わる人びとはみな、そうした「ストーリー」の創出に魅了され、それこそが産業振興を支える魂の部分ではないかと考えるに至った。それをビジョンに込めたのも、他に例をみない、邑南町の産業振興のユニークさであろう。

「A級グルメ立町」と全国初の「農商工連携ビジョン」

ビジョンではさらに、そうした「田舎の逸品」について「この町でしか味わえない食」を「A級グルメ」と称し、その創出や普及をつうじて地域ブランドの構築と関連産業の推進を図るとしている。

「A級グルメ立町」は、全国で盛んな「B級グルメによるまちおこし」に対するアンチテーゼでもある。もちろん「B級グルメ」も、地元で長年愛されてきた安くておいしい「食」をPRすることで、まちおこしにつなげようという試みである。しかし、邑南町では、「わがまちが誇る『食』はB級ではなくA級」と、あえて明言することで、農業者や生産者の誇りと自負心を奮い立たせようと考えたのであった。それによって、やや人口に膾炙しすぎた感もある「B級グルメ」とのイメージ上の差異化も図られている。

ビジョンでは、この「A級グルメ立町」の理念に基づき、具体的施策として、①「食」から「職」を生み出すパイオニアづくり、②「食」産業の担い手づくり、③「食」による観光誘客の推進、の三つを掲げている。

また、二〇〇八年に「農商工等連携促進法」が施行された後、全国で初めて「農商工連携」を冠したビジョンとなったことも注目される。

しかも、邑南町はビジョンにおいて、「農林商工等連携」を「農林漁業者と商工業との連携による新商品・新サービス開発」という意味だけで捉えず、「町の基幹産業である農林業を活かした、官民の多様な主体の連携による新商品・新サービス開発、観光振興、定住・交流促進等に関わる施策全体」としている。就業人口の約二五％を農林業が占める町の産業構造の特徴に即したビジョンといえよう。

このように「食」と農林業を核に産業振興を推進してきた邑南町だが、今後は産業をより厚みあるものにするために、若者の雇用に結びつけることが課題となっており、すでにそのための具体的な目標策定もなされている。

「食」と「農」の起業家輩出を目指して

邑南町のビジョンではさらに、「自立した地域運営」と「定住促進」が目標とされ、そのためには「雇用とやりがいの創出」が必要としている。計画期間は五年で、具体的プランとして、①食と農に関する五名の起業家輩出、②定住人口二〇名の確保、③観光入込み客数一〇〇万人の実現、が掲げられている。

これらを着実に実現するためには、産業振興と農業振興だけでなく、定住対策も加えての横断的な施策が必要となる。そこで縦割り型の組織を見直し、新たに支援機関を作ることになった。二〇一一年一〇月一日に「農林商工連携サポートセンター」を開設、二〇一二年度から本格的な支援事業が始まっている。

このサポートセンターは、町役場、農協、森林組合、商工会がそれぞれの情報やノウハウ等を結集させ、ワンストップ型の支援を目指している。また、二〇一〇年には東京都千代田区にサテライトオフィスを開設、レストランやイベントをつうじて首都圏在住者に特産品をPRしたり、企業誘致やU・Iターン誘致を図るなど、町の情報発信機能を担っている。人口一万人規模の市町村が東京に独自に事務所を構えている例は他にほとんどないと思われる。サポートセンターは、このサテライトオフィスや邑南町観光協会と密に連携をとりながら、「食」と「農」を中心としたまちおこしの「場」として機能していくことが期待されている。

さらに、二〇一一年春には「A級グルメ」の拠点として、町営の地産地消レストラン「味蔵《あじくら》」をオープン。ほぼ一〇〇%地元食材を使い、創作イタリアンを提供している。シェフは東京から、ソムリエは広島からのIターン、パティシエは邑南町出身者の三人が担う。シェフとソムリエは自分の店が持てるということで邑南町に定住を決めた。まさに産業振興と定住対策が融合し、定住者の夢の実現にも町が全面的にバックアップしている。

「味蔵」の順調な滑り出しを受けて、二〇一一年度後半からは「食と農に関する五名の起業家輩出」の実現に向け、Iターン者や地元住民を対象とした起業塾「『耕すシェフ』講座」もスタートさせた。「自分の畑で採れた食材でもてなすレストラン」を持ちたいと考えている若者たちと、講師に招かれる若手起業家たちが交流しながら、「農」や「食」に対する志を共有し合い、精力的に活動している。地域での「コトおこし」に価値を見出す二〇~三〇歳代らの若者の熱気であふれる場となっている。

邑南町のビジョン策定や振興施策を主導してきたのは、邑南町役場商工観光課の寺本英仁氏（一九七一年生まれ）と観光協会の浅井洋樹氏（一九七七年生まれ）である。「『耕すシェフ』講座」の講師たちも、みな二〇~三〇歳代と若い。全国の中山間地域で高齢化が進行するなか、邑南町には地域に対して新たな価値観を持った若者たちが集いつつある。

このように、邑南町のビジョンは「A級グルメ立町」を目指して、都市部から若者を呼び込み、若手主導で

「ストーリー」を創出しようとしていることが最大の特徴といえよう。

3 政策に思いを込める――地域産業振興の新時代

ここまでみてきたように、二〇〇〇年代後半以降、基礎自治体の産業政策は地域の実情に応じて大きく変わりつつある。その変化は一言でいえば、従来の「上からの」政策とは異なり、担当職員が「現場」に深く分け入り、自らの思いを政策に込めて、具体的なプランを住民とともに進めていくようになったことである。いずれも三〇代の若手職員が中心となり、自らの言葉で思いを語った益田市と邑南町のビジョンが、その象徴的な例であろう。

もちろん重要なのは、ビジョンや条例の文言そのものではなく、そこに描かれた地域の未来像をいかにして実現し、成果をあげていくかである。いずれの地域もそれを意識し、地域内での有機的な連携を可能とするために、組織や体制も刷新した。

これまで、地域政策の現場ではＰＤＣＡ（Plan, Do, Check, Action：計画・実施・評価・改善）が重視され、具体的な数値目標を定めることが一般的であった。しかし、人口減少と高齢化、耕作放棄地の増加、建設業の低迷、誘致企業の事業縮小、それらに伴う雇用喪失といった右下がりの環境のなかでは、数値目標の設定は現実的には難しい。この点、益田市ではビジョン作成時に、数値目標は設定せざるをえないが、その達成にあまりこだわりすぎないようにしようという合意がなされた。数年間の計画期間中に、数値が達成されなかったからといって、その都度、産業政策の理念や方向性を放棄してしまっては、いつまでたっても産業振興の基盤が醸成されてこない。現代の地域産業政策の目標設定においては、数値だけではなく、長期的視野に立って「地域を育む」という考え方が必要となろう。

そして何よりも、地域を動かす原動力となるのは、住民たちの熱意と共に、益田市のアクションプランに込められているような行政職員の産業振興にかける情熱であろう。

最後に、ここで紹介した二市町の事例を踏まえつつ、基礎自治体の産業振興の現状を改めて整理し、地域産業振興の今後の展望に代えたい。

中山間地域対策と新たな人材育成

第一に、市町村合併を経て、中山間地域対策が喫緊の課題となってきた。そこへ国の「農商工連携」「六次産業化」「地域資源活用」といった新たな政策が登場し、これを追い風と捉える市町村が増えている。もちろん、従来の企業誘致中心の商工対策が置き去りにされるわけではなく、それらは現在も産業振興のなかで重要な位置を占めている。しかし、大都市圏を除いた多くの地方自治体では、むしろこうした「農」と「商工」をつなぐ形での中山間地域対策が、産業振興の中心になりつつあるといっても過言ではない。さらに、人口減少を食い止めるためにも、農業支援と定住対策を融合させた施策なども必要になっている。こうした横断的な施策を行うためには、益田市や邑南町のように縦割り行政を改め、外郭団体による支援や期間を設置するなど、支援体制の機動性と柔軟性を確保していくことが求められよう。

第二に、産業振興では人材育成の重要性は今後ますます高まっているが、そこでの「人材」は従来の枠組みを超えたものになりつつある。これまで産業振興分野の人材育成といえば、中小企業の後継者不足、あるいは熟練技能者の引退に対応した事業継承や技能継承が主な課題であった。しかし、これも一部の都市を除いて、地方では新たな「人材育成観」とでもいうべきものが生まれつつある。例えば、前記の二市町の事例でみたように、起業家育成、U・Iターン者の定住対策、高校生のインターンシップ等、職種・年齢・出身を問わず広く「地域産業の担い手づくり」が目指されている。そのためには既存の価値観にとらわれない、成熟時代の価値観の多様化に応じた「人材」が求められている。自分の価値を明確に持ち、それを地域で表現できる発想力と実行力、情報発信能力を持つ人びとが、これからの産業振興にとっての「人材」となっていくであろう。

これまで、中国山地のように地理的に都市部から距離のある地域は、大都市に人材を流出させるばかりであった。それが今や逆の現象が生じ、島根県を例にとると、志の高い「コトおこし」や「ストーリー創出」に熱意を持った若い世代の帰還や定住が目立ち始めた。「農」「食」「地方」というキーワードには、それだけ現代人を惹きつける力がある。地方は今後、こうした新たな価値観を持った人びとの受け皿としても機能していくように思う。

自治体と行政職員に求められる役割

そのような魅力ある地域であるためには、現場を深く知る行政職員の力が不可欠である。産業振興分野の行政職員は、広い知識を持つ万能選手《ジェネラリスト》である必要性は少ない。むしろ「地域産業」という専門分野に通暁した専門家《スペシャリスト》でなければ、地域にとって有益な仕事はできないだろう。そして振興施策を実のあるものにするためには、役場の外に出て、住民、企業人、学校関係者などと密接な信頼関係を築き、「現場」の声に真摯に耳を傾けなければならない。ところが、地方自治体の行政職員は通常三年で部門異動を命じられる。経営者や住民とようやく生産的な対話ができるようになった頃に異動する。これでは信頼関係が醸成されず、行政と民間の連携による新たな動きは生まれにくいであろう。

その点、益田市や邑南町では、産業振興の担当職員は最低一〇年間は部門を異動せず、最前線で活動している。三〇年以上にわたって、全国の産業振興の現場をみてきた関満博教授によれば、「産業振興は最低一〇年。それより短くては効果は出ない」という。島根県では、先にみた「しまね立志塾」を通して、このことを意識するようになった自治体が多い。実際、益田市と邑南町のビジョン策定を主導した松本氏や寺本氏も、それぞれ産業振興の経験を五年、一〇年と重ねたうえでビジョンに取り組んでいる。彼らにとって、ビジョン策定はスタートであり、今後さらに長く産業振興に携わることになる。いわば農業と同じように、種をまき、水をやり、やがて芽が出て、収穫ができるまでを見届けるという覚悟が、産業振興にも必要ということかもしれない。

地域社会経済の仕組みが大きく変わろうとしている今、産業振興の仕事はやりがいのある分野ではないだろうか。また、「小さな地域」「小さな市町村」ほど、互いに顔のみえる信頼関係を築くことができ、それをベースにした社会関係資本も醸成されやすい。本書でみてきた事例からも明らかなように、取り組み次第で、人びとが集まる「場」づくり、新たな価値づくりを豊かに展開することができる。

今後、産業振興は農山村や中山間地域を抱える自治体において、とくに重要かつ創造的なポジションを占めるようになっていくであろう。それがひいては、超高齢日本社会の未来に示唆を与えることになると信じたい。

(1) 関満博・松永桂子編『中山間地域の「自立」と農商工連携──島根県中国山地の現状と課題』新評論、二〇〇九年。
(2) 植田浩史「地方自治体と中小企業振興──八尾市における中小企業地域経済振興条例と振興策の展開」(『企業環境研究年報』第一〇号、二〇〇五年)。同『自治体の地域産業政策と中小企業振興基本条例』自治体研究社、二〇〇七年も参照。
(3) 調査は科学研究費・若手研究(B)「地域産業振興の新展開に向けた政策分析・地域比較──雇用創出・人材育成の視点から」(研究課題番号一八七三〇一九七)の助成を受けて実施した。研究代表者は松永桂子、研究期間は二〇〇六〜〇八年度。以下の本文と図表はその調査結果に基づく。

（4）以下、益田市「益田市産業振興ビジョン」（二〇〇九年一〇月策定）、「益田市産業振興アクションプログラム二〇一一」（二〇一一年七月）による。
（5）以下、邑南町「邑南町農林商工等連携ビジョン」（二〇一一年三月策定）による。

終章

地域で仕事を創造する

日本は近代から現在に至るまで、人と地域の関係が大きく変化してきた国のひとつであろう。経済発展により、社会への帰属意識が変容をみせてきたことに起因する。

最近でこそ「コミュニティ」という言葉が多用されるが、バブル経済が崩壊する以前にはコミュニティや帰属といった概念は、あまり社会問題として扱われてこなかったのではないか。長らく、日本人は職場という「場」をアイデンティティの拠りどころとしてきた。自分がどのカイシャや組織に所属しているかが重要であった。

しかし、そうした帰属意識は揺らぎ始めている。右上がりの経済成長を終え、終身雇用を旨とする日本的経営が絶賛された時代が終わったからだけではない。これに加えて、高齢社会の問題が現実のものとなってきたからである。定年まで働き、それ以降八〇歳代まで生きると、最後の二〇年間をどう過ごすのかが人生の大きなテーマとして降りかかってくる。職域から離れたところで、新たなコミュニティや帰属先を探していくことが、社会的に生き続けていくためにも重要となってくる。

地域をひとつのコミュニティと見立てて、その活動に入っていくことが望ましいが、簡単ではない。合理的に物事を判断するカイシャという場と、合理主義ではなくむしろ協調主義が重んじられる地域では、その価値基準が大きく異なるからである。

そう考えると、「人生八〇年時代」を迎え、仕事は職業だけに縛られず、より広い範疇で考えていくことが必要となってくる。六〇歳以降の人生を生きる場として、地域がそのひとつの場として浮上してくる。地域で仕事を創造していくということは、超高齢社会を迎えた日本社会にひとつの針路を与えることになろう。

これまで、地域は経済や産業の文脈から語られることが多かった。地域の成長や衰退といった捉え方自体、財政面や雇用の場の確保など経済活動の指標を前提としている。もちろん、そうした経済的な側面を無視していては、地域のビジョンを描くことはできない。だが、もはやそうした単一の価値基準だけで地域を捉えることはできない時代に、わたしたちは立っている。

成熟社会、人口減少・超高齢社会といった文脈で、地域を捉えなおしていく必要がある。

1 「地域」と「帰属」の新たなかたち

本書では「集落」という地域空間を主に取り上げてきた。都市に暮らす人びとからすれば、あまりリアリティがないかもしれないが、農山村や中山間地域に暮らす者からすれば、「集落」は生活を営む上で欠かせない共同体である。人びとの帰属の最小の単位が「家族」だとすると、「集落」はその次の範囲に置かれるだろう。農山村や中山間地域の人びとの社会的まとまりの最小単位が「集落」であり、日々の生活のなかで支え合う仕組みが自然と成り立ってきた。

かつて、集落では自給自足の生活を基本としながら、近隣同士で贈与などの互恵的な関係がみられた。互恵的な贈与はモノだけでなく、生活のあらゆる場面でもみられた。例えば、集落内での冠婚葬祭は「組」を結成し、地元の風習の下で執り行われてきた。互いに支え合う「結」の精神がそこにはあった。

経済成長の過程で多くの人びとが都市に流れていった結果、こうした農山村のつながりは薄れてきた。しかし、農山村では二人に一人が六五歳以上という時代になり、新たな形で集落や地域でのつながり、結びつきが復活しつつある。第1章でみたように、「地域自治組織」は行政に依存しない地域づくりを理念とした住民主体のコミュニティである。また、第2章でみた「集落営農」は、地域で農業を続けていくために生まれた仕組みであるが、同時に地域で支え合う扶助の仕組みも備えた組織として、活動の場を広げている。これらはいずれも、自立・自治・産業化を特徴とする地域コミュニティの新しい形と位置づけてよいであろう。

住民全員という発想

これらのコミュニティを担うのは、日本の経済発展を支えてきた世代であり、現在六〇〜七〇歳代の人びとが中心である。団塊の世代が引退時期を迎えたことから、先にも触れたような定年後の社会での帰属先が次第に大きな課題となってきた。だが、中山間地域ではすでにその受け皿が確立しつつあり、ここから新たな希望の兆しがみえてくるようである。

地域自治組織や集落営農は、地域再生の担い手として認識されて久しいＮＰＯや中間支援組織とは明らかに異なる。最も大きな違いは、住民の「自立」に対する内発的な意思で形成されている点と、自然の共存共生が活動の前提となっている点であろう。とくに地域ぐるみの農業経営を目的とする集落営農は自然との結びつきが色濃く、その営みが地域交通や福祉など公益の追求に向かっていったことはきわめて興味深い。そして本書で紹介した地域コミュニティでは、六次産業化などの取り組みも、営利を目的としているわけではなく、地域の自立を深め、公益をさらに高めるために行われているという側面が強い。農村女性たちの起業も、このようなコミュニティの利益が根底に据えられていることはすでにみたとおりである。

そしていずれの取り組みにおいても、地域コミュニティの営みを制度的に支えるため、「住民自治」の機能が意識されている。公益を追求する活動と自治の活動が有機的に結びつきながら、独自の価値を地域で創造している。

これに対して、ＮＰＯや中間支援組織は地域再生、地域活性化という理念に基づいた明確なミッションがある。ゆえに、参加者は手を挙げた有志が大半を占める。もちろんそうした形の地域づくりは不可欠であるが、それとは違う枠組みで、自立的な取り組みが生まれていることを強調したい。地域自治組織や集落営農は、住民全員の参画が前提となっているので、全員が身の丈に応じた形で参加し、何らかの役割を担っていくことになる。「手を挙げない」、あるいは「挙げられない人」も自ずと含まれているといえる。

例えば、集落営農では、若手とされる六〇歳代までの男性が農業機械のオペレーター（あるいは主要な担い手）として活躍し、女性たちは農産物加工品の製造、販売、直売所の運営などを担う。さらに、地域の事情を熟知している七〇歳代がそれぞれのリーダー役となり助言を与えていく立場となる。八〇歳代も、元気で働ける人は活動に関わり続け、次世代へ役割をつないでいく。誰もが「生涯にわたり、社会に必要とされ続けている」という尊厳を抱くことができる仕組みが備わっている。

介護が必要となった人も、隣町や遠方の施設に委ねるのではなく、なるべく地域のなかで支え合う。広島県安芸高田市の川根振興協議会では、デイサービスなどの福祉事業も隣町から出張して来てもらい、利用者は地域の公民館で過ごせるようにしている。自宅から公民館へは、地域交通「もやい便」で送迎している。それを担うのも、やはり地元の住民である。

助け合い、支え合い、扶助の仕組みを地域に内包することにより、地域で生き続けていく安心感が醸成されている。もともと「結」の精神は、地域全体を覆うものであり、人びとは安心、信頼の下でつながっていた。現在では、「社会関係資本（ソーシャル・キャピタル）」と呼び替えられるかもしれないが、農山村の現場では「結」の精神が脈々と受け継がれ、現代の課題に対応する形で機能している部分が少なくない。

地域アイデンティティの再構築

地域における支え合いは、住民同士の信頼関係を基盤とする。地縁を介して、世代を越えた信頼関係があるからこそ、川根振興協議会のような活動が成り立つ。

農山村ではそうした、もともとからある地縁や信頼関係をコミュニティとして再構築する動きが多くみられるようになっている。それには、高齢化、人口減少といった社会変化のみならず、制度的な変化も関係しているようである。

ここ数年、地域（地方）の制度的変化の最たるものは、市町村合併であった。複数の町村が合併し、新市となった自治体がここ五〜六年で増えた。少し前まで、全国には約三二五〇市町村あったが、平成の合併を経ておよそ一八〇〇市町村にまで減った。行政や住民の多くが、地域の「町」や「村」の名前がなくなることを憂いだ。その反面、旧町村のエリアで、さらには昭和の合併以前の「村」の範囲で、住民たちはつながりを維持してきた。

市町村合併と前後して、小中学校の統合や廃校、病院の廃業、スーパーマーケットやガソリンスタンドを経営する農協支所の撤退などにより、地域での生活の基盤となる「場」が徐々に消滅していった。自分たちが卒業した学校も、お年寄りの健康を支える町の診療所も、住民が生活必需品を購入する商店もない。広域化した地方都市の中心部には大型ショッピングモールが進出、都心と変わらない便利さが喧伝されたが、山間部ではそこまで行くバスや鉄道などの地域交通も姿を消していった。

だが、こうした縮小の動きに呼応し、廃校舎や廃路線、旧農協施設などを、新たな形で再活用する動きが全国的に高まっている。場所や建築物に根づいた地域のアイデンティティを、現在に応じた形で引き継いでいきたいという住民たちの思いがそうさせている。

本書でみたように、東広島市旧河内町では小学校を拠点とした地域づくりを進め、診療所も教室の一角に併設し、隣町から医師が出張し診療する仕組みを築いてきた。農協が撤退した安芸高田市高宮町旧川根村ではスーパーマーケットとガソリンスタンドを住民たちが自主運営する。さらに出雲市旧佐田町では集落営農法人が、雲南市旧吉田村では社会的企業が地域のデマンドバスを運営する。従来、行政や農協が担っていた「公」の機能を住民主体の組織が代替するようになってきた。人口減少と財政縮小が先鋭化してきた農山村や地方ほど、こうした自立の動きが生まれる状況となっている。

そして、地域のまとまりの範囲に着目すると、それらは旧町村の範囲で営まれていることに気づく。地域アイデンティティが旧町村を基盤に醸成されているようである。

「一般的互酬性」が濃くみられる地域社会

地域自治組織や集落営農、女性起業や社会的企業の多くは、現代版の「結」＝地域コミュニティをベースとしていると述べてきたが、言い換えればそれは、「見返りを期待しない関係」によって成り立っているともいえる。

人間関係や社会経済の諸相は、取引や交換を前提とする市場経済・資本主義の枠組みだけでは説明できない点が多い。子育てや家事などの再生産活動、仲間同士の助け合い、冠婚葬祭から日々の贈答まで、人間生活や人間社会のかなりの部分は、必ずしも「見返り」を期待しない贈与や相互扶助の行動で成り立っている。マルセル・モースやレヴィ＝ストロースなどの文化人類学者はこれを「互酬」と定義し、人・家族・部族社会の関係性を捉えようとした。あるいは、経済学者のカール・ポランニーは、「互酬」を現代の非国家的経済の特徴的な形態とみなした。

最近では、鳥越皓之氏が人類学者マーシャル・サーリンズの理論を用いながら、地域社会での人びとのつながりを読み解いている(1)。以下ではそれを参照にしながら、現代の地域社会を「互酬」の概念から考えてみたい。

サーリンズは「互酬性」を「一般的互酬性」「均衡的互酬性」「否定的互酬性」の三つに分類している。「一般的互酬性」とは、身近な人たちの間で交わされる「おすそわけ」など、「見返りを期待しないプレゼント」を指す。互いへの思いやりや気遣いが動機であり、返礼や対価を求めるようなことはない。

次の「均衡的互酬性」は、市場での取引に代表されるような、「相互が同じ値打ちだと納得して、ものを交換すること」である。市場では商品と等価の価値を持つ貨幣が交換される。損得が発生しない互酬といえる。それに対し「否定的互酬性」は、自分に利益があることを期待し、相手の利益を望まないというものである。

サーリンズは、この三つの互酬性が地域社会の「範囲」と関係が深いことを示した。このことを理解するには、頭の中に地域社会を表す円を思い描いてみると分かりやすい。まず中心に家族やコミュニティを置き、その同心円上に小学校区程度のコミュニティ、その外側に市町村などの広域の地域社会、さらにその外には日ごろの接触が薄い空間が広がっている。サーリンズは、この円の内側から外側に向かうにつれ、人びとの関係が希薄になり、一般的互酬性→均衡的互酬性→否定的互酬性と、互酬性の性質が異なっていくとした。つまり、地域社会の範囲によって、人間関係の質が大きく変わることを示している。

サーリンズの議論にしたがえば、「一般的互酬性」とは、ごく親しい者同士の間でのみみられる愛他主義に基づく行為ということになる。しかし、鳥越氏は「一般的互酬性」は単なる愛他主義だけでは説明できないと説く。つまり、一般的互酬性は長期的にみると、利益が自分に返ってくるという計算があるかもしれないとして、「短期的愛他主義」(その場の思いつきの愛他主義)と「長期的自己利益返還」(長期的にみれば、結果的には自分にも利益が戻ってくる)がセットになったものと位置づけている。その場の行いでは見返りを考えないが、いつかは自分のところに利益が戻ってくるという期待がある。

こう考えると、地域自治組織や集落営農、あるいは社会的企業による地域内扶助の行いも、鳥越氏のいうような「一般的互酬性」に基づく行動とみることができよう。とくに、デイサービスなどの福祉事業やデマンドバスによる病院の送迎など、高齢者福祉に関わる扶助事業の場合はそれがあてはまる。まずは何よりも地域のお年寄りを思う「短期的愛他主義」により行動するが、それだけでは続かない。「いずれ自分もお世話になるかもしれないのだから」という「長期的自己利益返還」も働くからこそ、活動に身を投じることができるのかもしれない。

比較的、狭い地域範囲で、世代を超えた助け合いの構造がみられるのは、こうした「一般的互酬性」に基づいた関係性が成り立っているからといえる。

純粋なボランティアではなく、いつかは自分もお世話になるという意識があるからこそ、人びとは安心して暮らせる地域を目指して公益を追求していくのであろう。だからこそ、活動を継続させることができる。

2 「地域社会」はどこへ向かうのか

地域社会は扶助の仕組みを創造して担っていく一方で、「官」に依存しない自立の発想が求められるようになってきた。どのような活動でも継続させていくには、地域に所得を生む仕組みが不可欠となる。ここまでみてきたように、その際、多くは「農」や「食」を資源とした事業化を目指す方向に向かっている。その担い手は、生産者や事業者に限らず、行政、住民、外部協力者など多様であり、こうした多様なステイクホルダーから形成されるネットワークが、地域に活力を呼び起こしていく。

「地域ビジネス」という経営手法

そして、活動が事業性を帯びてくるにつれ、アイデア、事業プラン、商品開発とマーケティング、組織づくりやリーダーの役割、商品や組織のイノベーションなど、「経営」の視点が必要となってくる。地域に収入をもたらしながら、雇用を生み、地域の人びとの生きがいや誇りをも生む事業が理想とされよう。

わたしたちはこれまで、島根県の中山間地域の自立と産業化の調査研究を通して、こうした地域経営の手法を「地域ビジネス」と呼び、次のように定義してきた(2)。

「地域ビジネス」とは、「地域資源を活用した産品を生みだすと同時に地域問題を解決し、その過程において雇用や所得が創出され、生活の質を豊かにする仕組み。また、地域内で相互扶助が強くみられ、地域外との交流を積極的に行いながら、地域の魅力を共有、発信していくための手段」である。

「地域おこし」や「まちおこし」の概念と重なる部分もあるが、産業化や事業化によって地域の自立が促され、地域の社会関係資本をより高めるような産業活動をとくにイメージしている。吉田ふるさと村のような「地域型社会的企業」がイメージに当てはまる。

「地域ビジネス」の成否は、事業の進め方や実行力によって分かれることになろう。しかし、その手法はもちろん一様ではなく、成功した地域のやり方を模倣し、そのまま他地域に応用することは難しい。成果を収めている「地域ビジネス」は試行錯誤を繰り返すなかで形作られてきた事業であり、そこには自然、風土、文化、歴史といった地域の個性が反映されている。ゆえに、モデルや制度を移植するのでなく、むしろ地域の個性から発して、自らモデルを創出することが求められよう。

第6章でみたように、農山村や中山間地域の「地域ビジネス」の創出に呼応するような形で、産業振興のあり方も変化しつつある。従来の企業支援あるいは企業誘致だけでなく、新たな産業を創出したり、地域資源を活用した新製品の開発に踏み込むケースが多くなっている。一方、地域振興も集落や地域の保持といった観点ではもはや捉えきれなくなっている。「吉田ふるさと村」のように、域外の人びとを惹きつける農産物のブランド化や「鉄の町」の観光化など、産業化の側面が強まりつつある。いわば、政策レベルでも、産業振興、農業対策、地域振興の連携がみられるようになってきた。

新たな担い手たち

だが、人口五万人以上の規模の自治体では、ほとんどの場合、産業振興、農業振興、地域振興がそれぞれ別の部門となっており、縦割り行政の構造が残っている。むしろ、人口一〜三万人未満の小さな町村において、これら三つの機能が一体化している場合が多い。集落ごとに住民同士が「顔のみえる関係」を築いているような自治体である。行政側からすれば、それくらいの範囲が現場のニーズをくみ取りやすく、域外との調整もしやすいのであろう。

とくに市町村合併以降のここ数年、行政の人びとのアイデアと実行力が、住民、生産者、事業者を惹きつけ、ユニークな「地域ビジネス」を生みつつある。わたしが島根県の市町村の現場で出会った行政職員の方々も、実に興味深いアイデアで地域に「仕事」を生み出すきっかけを作っていた。例えば、邑南町では第6章で述べたように、「A級グルメ立町」を推進しているが、この取り組みも一〇年以上、道の駅や農産物直売所の運営と定住対策の双方を担当してきた町役場職員の発想がもとになっている。

あるいは、その隣の美郷町では、田畑を荒らすイノシシが農業の厄介者となっていた。そこで、一〇年にわたり鳥獣害対策と産業振興を担当してきたひとりの行政職員が、斬新なアイデアを打ち出した。つかまえたイノシシの肉を加工し、町の特産品として売り出そうというものであった。「害獣の駆除」から「害獣の資源化」

へ、逆転の発想といえる。彼のアイデアに住民たちも賛同し、男性たちは生産組合を形成、女性たちは加工に踏み出し、イノシシ肉加工の産業化が一気に進められていった。

このように人口規模が小さな町村ほど、産業振興、地域振興、農業対策が一体化した形で進められる傾向が強い。ひとくちに「食」の産業化といっても、地域独自の手法と発想で取り組まれているため、類似の取り組みは意外にもあまり見当たらない。それぞれオリジナリティに富んだものとなっている。そして、住民を励ましながらその創造性を引き出しているのが、豊かな現場の経験を持ち、地域経営のセンスに富んだ行政職員たちである。

また、本書をつうじてみてきたように、とりわけ条件不利地域において新たな活力を生み出している最大の立役者は農村女性たちであることを、改めて強調しておきたい。農産物直売所、農産物加工場、農村レストランに代表されるように、女性たちがビジネスの現場に踏み込み、生きがいや働きがいをもって活動に参加している。女性たちの起業が活発化してきた背景は、農山村からの誘致企業の撤退や縮小などとも密接に関係する。育児や介護を終えた世代は、ようやく自分たちの時間が持てるようになり、就業の場を自分たちで創出していくことになった。地域で生まれ育った者もいれば、嫁に来た者などもいるが、その地で暮らして人生を終えていく場として、そこに住み続けていくことの誇りを獲得しようという女性たちの取り組みに映る。老年となった人びととの新たなコミュニティの場を築いている。

かつて、地方や地域の「人材」は、政治家、団体の長、校長、建設業者などの「長」に代表されてきた。性別でいえば男性、年齢でいえば壮年以上がほとんどを占めた。それが現在では、農村女性や若い行政職員、集落営農を担う農家など、「普通の人びと」が地域を引っ張る存在となってきた。

地域人材の変化からも、地域社会は新たな段階を迎えていることがうかがえよう。

条件不利地域の創造性に学ぶ

本書でみてきた中国山地の事例では、いずれも農業が経済的基盤となっている。多くが農業生産だけでなく、加工し、付加価値を上げていく六次産業化に乗り出している。また、そこからさらに一歩踏み出して、福祉分野に着手する地域も出てきた。

これからの農山村の地域社会を展望すると、農業プラスαで、他の取り組みを深めていくことも課題となってくるであろう。かねてから、内橋克人氏は「競争セクター」同士が対立する現行の市場原理主義を批判し、連帯・参加・共同（協働）を原理とする「共生セクター」を強化することで「連帯経済」の空間を拡大することを提唱してきた。そして「共生セクター」の活動領域として「ＦＥＣ」の重要性を指摘する。ＦＥＣとは、食糧（Food）、エネルギー（Energy）、介護・福祉（Care）の三つの領域を指している。[3]

小規模農家が経営の効率を上げていくために、まとまって農業をする集落営農という発想が生まれてきた。集落営農は、農業のみならず福祉の領域にまで踏み込みつつある。こうしたことから、農業の専門家は集落営農のことを「社会的協同経営体」と呼んできた。したがって、地域自治組織とならび集落営農は、ＦＥＣのうちＦとＣに立脚しながら取り組みを重ねてきたといえる。

今後、地域社会の取り組みは農業以外の生産活動に踏み込み、より多元化していくことが望まれる。東日本大震災と福島第一原発事故を契機として、エネルギー問題はわたしたちにとって焦眉の課題として再浮上している。再生可能・自然エネルギーの検討とともに、地域単位でエネルギーを自給していくという方向に時代は向かっているように思える。実際、自然エネルギーの自給に挑む先進的な地域も出てきている。

また、ケア・福祉についても、本書でみた取り組みでは農業ビジネスで得た収入を福祉に回しているという構図であったが、ケア・福祉を第一の産業領域と捉えていく考えがあってもよい。そこから生じた利益で農業やエネルギーに取り組むという考えもありうる。

いずれにせよ、食糧、エネルギー、福祉に代表される三領域は、成熟社会にとって重要なセクターであろう。自給の仕組みを構築していくことが、地域の自立を促していくことにつながっていく。

繰り返し述べてきたように、中国山地は全国に先駆けて人口減少と高齢化を迎えた。地域に踏みとどまり続けた人びとによって、産業化による自立、住民による自治、コミュニティ再構築、産業福祉などの独特の仕組みが創造されてきた。「過疎」概念の誕生から半世紀たった現在、その取り組みは成熟社会を迎えたわたしたちに多くの示唆を与えてくれる。

東日本大震災を襲った地域も、幾多の条件不利を乗り越えながら、地域資源の恵みを活かした取り組みを重ねてきた地域である。すでに復旧・復興に向けて歩み出している人びとも、これまでの営みを継承しつつ、より地域に根差し、地域を豊かにしていくことを強く意識しているようにみえる。

中国山地にせよ、東北地方にせよ、条件不利地域とされてきた農山村や中山間地域では、知恵と工夫を出し合い、難しい地域課題に挑戦してきた。地域で何らかの事業や活動を営むということは、自分たちの仕事を創造していくということである。与えられた仕事に就くのではなく、地域や社会の課題に即して、自分にふさわしい仕事を創っていくことになる。

結果として、答えのない課題に挑んできた条件不利地域では、型にはまらない新たな価値観をもった仕事が生まれつつある。自分で地域の仕事を創造してきた人びとは、謙虚でありながら自信と誇りに満ち溢れている。地域の資源を大切に扱い、地域の人びとと共存しているという意識が強いからであろう。

経済成長の時代が終焉を迎え、成熟社会に移行してきた現在、わたしたちは真の豊かさとは何かを問いながら、新たな社会の方向性を模索し続けている。超高齢社会を乗り越えつつある地域から、学ぶべきことは多い。

農山村や中山間地域では一足先に「創造的地域社会」が生まれているようである。

（1）鳥越皓之『「サザエさん」的コミュニティの法則』ＮＨＫ出版、二〇〇八年、第四章を参照。
（2）詳しくは、関満博・松永桂子編『中山間地域の「自立」と農商工連携――島根県中国山地の現状と課題』新評論、二〇〇九年を参照されたい。
（3）内橋克人『共生経済が始まる――人間復興の社会を求めて』朝日新聞出版、二〇一一年、河合隼雄・内橋克人編『現代日本文化論４　仕事の創造』岩波書店、一九九七年等を参照。

あとがき

本書では、島根県や広島県の中国山地に生きる人びとの営みを追ってきた。めまぐるしく変わることがよしとされるグローバル社会とは別の次元で、農山村や中山間地域では新たな価値が創造されているようである。人間と自然との関係、歴史や文化との関係が恒久的に継続している場所で、人びとは創造的な営みを重ねている。

わたしは、二〇〇五年四月に島根県立大学に専任講師として赴任した。長い学生時代を終え、はじめての仕事を島根県で得ることになった。生まれてから関西を離れたことのなかったわたしは、島根県のイメージがわかず、山陰という言葉からイメージされるいくつかのおぼろげな印象が浮かぶばかりであった。

はじめて大学に赴いた七年前の情景が心に残っている。広島駅から高速バスで大学のある浜田市にたどりつくまでの二時間半、バスは中国山地を越えながら走っていた。狭い斜面に広がる棚田、石州《せきしゅう》瓦で赤く染まった家並みは田舎の原風景そのもので美しかったが、人の姿がほとんどみえないことに不安をおぼえた。そこに住み、仕事をしていくことのイメージが持てなかったのである。当時、まだ小さかった子どもを大阪に置いて、単身赴任せざるをえない自分自身の将来に対する不安と、ないまぜになった感情を抱いていたことを記憶している。

だが、島根での数々の出会いを通して、わたし自身、大きく変わっていった。まず、農山村や中山間地域について何も知らない自分の無知を恥じた。そして、研究者として時流や大局に流されず、自分の目、耳、足で本質を確かめることを意識するようになっていった。

たしかに、経済指標だけをみれば、島根県は最後尾の地域であろう。だが、真の豊かさ、あるいは心の豊かさではどうだろうか。自分の居場所が地域や集落にある。人びとは、そこで何かしらの事業に踏み込み、成果を地域に還元しつつある。そして何よりも、思いを共有する仲間たちがいる。

島根に身を置くようになり、このことの意義を深く考えるようになった。

そこで、現場を歩き、人びとの声を聞き、農山村の風景を心にとどめ、その言葉を文章の形で表現していくことを、島根での仕事としていった。過疎という概念が生まれた地で、過疎発祥から半世紀たった現状を、「同時代の証言」として書き記していくことは、閉塞感高まる現代社会への何らかのメッセージになると考えた。

島根の各地には、関満博先生（一橋大学名誉教授・明星大学）、そして当時、一橋大学大学院生であった尾野寛明氏と三人でほぼ全域を訪れた。東は安来から西は津和野の山間部まで、隠岐諸島にも通った。調査は、島根県産業振興課や市町村のみなさんが段取りしてくれた。各地で人びとの思いに耳を傾け、夜な夜な語り合い、実に充実した日々を過ごした。こうして二〇〇五〜一〇年の五年間ほどで、二五〇を超す人びとと対話を重ねていった。

そして、現場に入るほどに、わたしたちの興味関心も先鋭化していくことになる。調査をもとに島根県の地域産業に関して、新評論から三冊の本を上梓したが、一冊目『地方圏の産業振興と中山間地域』（関編、二〇〇七年）、二冊目『中山間地域の「自立」と農商工連携』（関・松永編、二〇〇九年）、三冊目『「農」と「モノづくり」の中山間地域』（関・松永編、二〇一〇年）と著作を重ねるごとに、東部の出雲地方から西部の石見地方に、石見地方のなかでもとりわけ条件不利の西部へと対象も移っていった。条件不利地域に住まう人びとの営みから、地域自立の本質を考察する日々が続いた。

そうした「同時代の証言」を残すとともに、次第にそこから現代社会への意義を客観的に捉え、問い直す必要があると感じるようになる。関先生の勧めもあり、三冊の執筆を経て、単著としてそうした問いを追求しようと思い立った。また島根県だけでなく、中国山地で接する広島県の動きも気になり始め、広島の山間部に出かける機会も多くなっていった。二〇〇九〜一〇年のことであった。

この頃、わたしは二つの地域に深く関わっていた。本書でもたびたび取り上げた島根県益田市と邑南町である。それぞれ地域の「産業振興ビジョン」の策定を依頼され、職員の方々とともに現場の声を拾い、ビジョンを練り上げていった。わたし自身、政策現場に深く関与させていただいた初めての経験となった。委員会での合意形成、意見の集約、支援の範囲や考え方など、議論のとりまとめは手さぐり状態が続いたが、結果的にはどこにもないオリジナルの産業振興ビジョンが完成した。内容は第6章に詳述したとおりである。

益田市では産業支援センターの松本泰典氏、当時、島根県から出向していた藤田喜久雄氏、邑南町では商工観光課の寺本英仁氏が担当者であった。いずれもわたしと同世代であり、彼らの地域と向き合う姿勢に大きな影響を受けた。ビジョン策定を経て、現場により深く入り、彼らは若くして地域で信頼を寄せられる存在となっている。

こうした政策形成のプロセスも、本書に記し、中山間地域の地域産業政策の方向を探る指針としたかった。本書は、中国山地の小さな地域や集落の出来事を綴ったものである。だが、そこで生き続ける人びとの営みと豊かさは大きい。そこから現代の成熟社会に対するメッセージを読み取っていただければ幸いである。

わたしが二〇〇五年から二〇一一年三月までお世話になった島根県立大学は、二〇〇〇年に創立された石見地方唯一の大学である。長年、石見には高等教育機関が不在であり、地域の熱い思いを受けて創設された。志の高い教員や学生たちが多く、独特のアカデミックな雰囲気に満ちている。総合政策学部にはさまざまな学問分野の教員が集い、同世代の異なる分野の教員たちから受けた刺激も大きかった。また、教員の初心者時代に担当したゼミ生たちとは、共に学び、共に成長させてもらった感がある。

すっかり島根に魅了された身にとって、県立大学を離れることにとまどいをおぼえながら、二〇一一年三月に退職、四月から母校の大阪市立大学に異動した。ただし、息子の学校の関係もあり、関西に住まいを移さず、二〇一二年四月まで浜田で暮らし続けた。

二〇一一年度の一年間は、大阪で働き、島根で生活をするという日々のなか、本書の執筆に励んだ。その間、東日本大震災の被災地も何度か訪れ、地域社会のありようを改めて考えるようになった。今後、中国山地から範囲を広げ、東北地方はじめ、各地の地域社会の変容をみつめていきたいと思う。

なお、本書のタイトル『創造的地域社会』は、勤務先の研究科名でもある「創造都市」からインスピレーションを得ている。「創造都市」の概念を広めてこられた佐々木雅幸先生（大阪市立大学）には、本のタイトルをご相談し、執筆を励ましていただいた。

前著三冊とこの本の執筆を通して、多くの人びとと出会った。ここに掲載させていただいた方々はじめ、現場を共に歩いた島根県庁や各市町村の関係者の方々からは多大なご協力をいただいた。心からお礼申し上げたい。これからも交流を深めさせていただければ幸いである。

単著執筆について背中を押してくださった関満博先生は、今回も丹念に原稿を読んでくださった。思えば約一五年前の大学生時代、ゼミで先生の本を読んだことが、地域経済研究者の道を歩むきっかけとなった。当時、島根で先生に出会うことになるとは思いもしなかったが、今こうして一緒に現場に入り、研究させていただいていることに深く感謝申し上げたい。

また、大学生時代から指導してくださった塩沢由典先生（中央大学）、大学院生時代に指導してくださった明石芳彦先生（大阪市立大学）、植田浩史先生（慶應義塾大学）には多くのことを学ばせていただいた。先生方の考えや著作から受けた影響はとても大きい。

本書出版にあたっては、新評論の山田洋氏と吉住亜矢さんにたいへんお世話になった。視点がひとりよがりになりがちな執筆過程において、多様な観点からアドバイスをいただいた。記して感謝いたします。

最後に私事であるが、七年間の島根生活のうち最初の二年間は、家族を大阪に残し、単身赴任で大阪と浜田を往復する日々であった。残り五年間は夫と息子とともに浜田で暮らした。夫・紀彦は関西や広島に勤めながら、週末は浜田で過ごしてくれた。息子・稜太朗も浜田の自然のなかでたくましく育った。いつも支え励まし、笑顔で温かく見守ってくれる家族に感謝したい。

二〇一二年四月　七年間過ごした浜田をあとに

松永桂子

参考文献

明石芳彦編『ベンチャーが社会を変える』ミネルヴァ書房、二〇〇八年。

安達生恒『むらの戦後史——南伊予みかんの里 農と人の物語』有斐閣、一九八九年。

石田正昭編著『農村版コミュニティ・ビジネスのすすめ』家の光協会、二〇〇八年。

伊丹敬之『場の論理とマネジメント』東洋経済新報社、二〇〇五年。

今井幸彦編『日本の過疎地帯』岩波書店、一九六八年。

岩崎信彦・矢澤澄子監修『地域社会学講座3 地域社会の政策とガバナンス』東信社、二〇〇六年。

植田浩史『自治体の地域産業政策と中小企業振興基本条例』自治体研究社、二〇〇七年。

内橋克人『共生経済が始まる——人間復興の社会を求めて』朝日新聞出版、二〇一一年。

内山節『「創造的である」ということ（上）——農の営みから』農山漁村文化協会、二〇〇六年。

内山節『「創造的である」ということ（下）——地域の作法から』農山漁村文化協会、二〇〇六年。

内山節『共同体の基礎理論——自然と人間の基層から』農山漁村文化協会、二〇一〇年。

大西隆編『広域計画と地域の持続可能性』学芸出版社、二〇一〇年。

大野晃『山村環境社会学序説——現代山村の限界集落化と流域共同管理』農山漁村文化協会、二〇〇五年。

岡田知弘『地域づくりの経済学入門——地域内再投資力論』自治体研究社、二〇〇五年。

小田切徳美・安藤光義・橋口卓也『中山間地域の共生農業システム——崩壊と再生のフロンティア』農林統計協会、二〇〇六年。

小田切徳美『農山村再生——「限界集落」問題を超えて』岩波書店、二〇〇九年。

小田切徳美編著『農山村再生の実践』農山漁村文化協会、二〇一一年。

河合隼雄・内橋克人編『現代日本文化論4 仕事の創造』岩波書店、一九九七年。

楠本雅弘『進化する集落営農――新しい「社会的協同経営体」と農協の役割』農山漁村文化協会、二〇一〇年。

熊沢誠『女性労働と企業社会』岩波新書、二〇〇〇年。

佐々木雅幸『創造都市の経済学』勁草書房、一九九七年。

佐々木雅幸『創造都市への挑戦――産業と文化の息づく街へ』岩波書店、二〇〇〇年。

財団法人地域活性化センター『「地域自治組織」の現状と課題～住民主体のまちづくり～ 調査研究報告書』二〇一一年。

財団法人地域活性化センター『「道の駅」を拠点とした地域活性化 調査研究報告書』二〇一二年。

塩沢由典『関西経済論――原理と議題』晃洋書房、二〇一〇年。

ジェイコブズ，Ｊ『都市の経済学――発展と衰退のダイナミクス』中村達也・谷口文子訳、鹿島出版会、一九八六年（Jacobs, J. *Cities and the Wealth of Nations: Principles of Economic Life*, New York: Random House, 1984）

関満博『「農」と「食」のフロンティア――中山間地域から元気を学ぶ』学芸出版社、二〇一〇年。

関満博『地域産業の「現場」を行く 第4集――「辺境」が「先端」に向かう』新評論、二〇一一年。

関満博『東日本大震災と地域産業復興 I――2011.3.11～10.1 人びとの「現場」から』新評論、二〇一一年。

関満博編『震災復興と地域産業 1――東日本大震災の「現場」から立ち上がる』新評論、二〇一二年。

関満博・酒本宏編『道の駅／地域産業振興と交流の拠点』新評論、二〇一一年。

関満博・松永桂子編『中山間地域の「自立」と農商工連携――島根県中国山地の現状と課題』新評論、二〇〇九年。

関満博・松永桂子編『農商工連携の地域ブランド戦略』新評論、二〇〇九年。

関満博・松永桂子編『農産物直売所／それは地域との「出会いの場」』新評論、二〇一〇年。

関満博・松永桂子編『「村」の集落ビジネス――中山間地域の「自立」と「産業化」』新評論、二〇一〇年。

関満博・松永桂子編『「農」と「食」の女性起業――農山村の「小さな加工」』新評論、二〇一〇年。

関満博・松永桂子編『「農」と「モノづくり」の中山間地域――島根県高津川流域の「暮らし」と「産業」』新評論、二〇一〇年。

関満博・松永桂子編『集落営農／農山村の未来を拓く』新評論、二〇一二年。

関満博・尾野寛明『農と食 島根新産業風土記』山陰中央新報社、二〇一〇年。

総合開発研究機構『逆都市時代の都市・地域政策』ＮＩＲＡ研究報告書、二〇〇五年。

曽根英二『限界集落――吾の村なれば』日本経済新聞出版社、二〇一〇年。

谷本寛治編著『ソーシャル・エンタープライズ――社会的企業の台頭』中央経済社、二〇〇六年。

中國新聞社編『中国山地』上・下、未來社、一九六七年。

中國新聞社編『新中国山地』未來社、一九八六年。

中國新聞社編『中国山地――明日へのシナリオ』未來社、二〇〇四年。

東大社研・玄田有史・宇野重規編『希望学1　希望を語る――社会科学の新たな地平へ』東京大学出版会、二〇〇九年。

東大社研・玄田有史・中村尚史編『希望学2　希望の再生――釜石の歴史と産業が語るもの』東京大学出版会、二〇〇九年。

鳥越皓之『「サザエさん」的コミュニティの法則』ＮＨＫ出版、二〇〇八年。

中根千枝『タテ社会の力学』講談社、一九七八年。

並木正吉『農村は変わる』岩波書店、一九六〇年。

西川一誠『「ふるさと」の発想――地方の力を活かす』岩波書店、二〇〇九年。

日本村落研究学会監修・秋津元輝編『集落再生――農山村・離島の実情と対策』農山漁村文化協会、二〇〇九年。

日本村落研究学会編・池上甲一責任編集『むらの資源を研究する――フィールドからの発想』農山漁村文化協会、二〇〇七年。

日本村落研究学会編・鳥越皓之責任編集『むらの社会を研究する――フィールドからの発想』農山漁村文化協会、二〇〇七年。

農村女性問題研究会編『むらを動かす女性たち』家の光協会、一九九二年。

パットナム，Ｒ『哲学する民主主義――伝統と改革の市民的構造』河田潤一訳、ＮＴＴ出版、二〇〇一年（Robert Putnam, *Making Democracy Work: Civic Traditions in Modern Italy*, Princeton University Press, 1993）

広井良典『グローバル定常型社会――地球社会の理論のために』岩波書店、二〇〇九年

広井良典『コミュニティを問い直す――つながり・都市・日本社会の未来』筑摩書房、二〇〇九年。

広井良典『創造的福祉社会――「成長」後の社会構想と人間・地域・価値』筑摩書房、二〇一一年。

保母武彦『内発的発展論と日本の農山村』岩波書店、一九九六年。

松永桂子「地域産業振興のための政策分析・地域比較」、『中小企業学会論集』第二六巻、二〇〇七年。

松永桂子「農村女性による『地域ビジネス』」、沼上幹・軽部大・島本実監修、一橋大学日本企業研究センター編『日本企業研究のフロンティア6』有斐閣、二〇一〇年。

丸岡秀子監修『変貌する農村と婦人』家の光協会、一九八六年。

宮本憲一『環境経済学』岩波書店、一九八九年。

宮本憲一『維持可能な社会に向かって──公害は終わっていない』岩波書店、二〇〇六年。

宮本常一『村の若者たち』家の光協会、一九六三年。

矢作弘『「都市縮小」の時代』角川書店、二〇〇九年。

山岸俊男『安心社会から信頼社会へ──日本型システムの行方』中央公論新社、一九九九年。

山崎亮『コミュニティデザイン──人がつながるしくみをつくる』学芸出版社、二〇一一年。

山下祐介『限界集落の真実──過疎の村は消えるか？』筑摩書房、二〇一二年。

結城登美雄『地元学からの出発──この土地を生きた人びとの声に耳を傾ける』農山漁村文化協会、二〇〇九年。

吉原直樹『コミュニティ・スタディーズ──災害と復興、無縁化、ポスト成長の中で、新たな共生社会を展望する』作品社、二〇一一年。

ハ行

マ行

ヤ行

ラ行

タ行

ナ行

索　引

著者紹介

松永桂子《まつながけいこ》

大阪市立大学大学院創造都市研究科准教授。

1975年京都市生まれ。

大阪市立大学大学院経済学研究科後期博士課程単位取得。博士（経済学）。

島根県立大学講師，准教授を経て，2011年から現職。

専門は地域産業論，地域社会経済。

著書：『縮小時代の産業集積』（共著，創風社，2004年），『ベンチャーが社会を変える』（共著，ミネルヴァ書房，2009年），『中山間地域の「自立」と農商工連携』（共編著，新評論，2009年），『農商工連携の地域ブランド戦略』（共編著，新評論，2009年），『「農」と「モノづくり」の中山間地域』（共編著，新評論，2010年），『「農」と「食」の女性起業』（共編著，新評論，2010年），『集落営農／農山村の未来を拓く』（共編著，新評論，2012年），『震災復興と地域産業 1　東日本大震災の「現場」から立ち上がる』（共著，新評論，2012年）など。

創造的地域社会
中国山地に学ぶ超高齢社会の自立

2012年 6 月20日　初版第 1 刷発行
2013年 1 月20日　初版第 2 刷発行

著　者　松 永 桂 子
発行者　武 市 一 幸

発行所　株式会社　新 評 論

〒169-0051　東京都新宿区西早稲田3-16-28
http://www.shinhyoron.co.jp
電話　03（3202）7391
FAX　03（3202）5832
振替　00160-1-113487

落丁・乱丁本はお取り替えします
定価はカバーに表示してあります

装 訂　山 田 英 春
印 刷　神 谷 印 刷
製 本　日 進 堂 製 本

ISBN978-4-7948-0901-8
Printed in Japan